U0464525

严振瑞　李晓克　薛广文　姚广亮　陈震　著

高水压输水盾构隧洞预应力混凝土衬砌结构真型试验研究

EXPERIMENTAL STUDY ON THE FULL-SCALE PRESTRESSED CONCRETE LINING STRUCTURE OF 3H-PRESSURE WATER DELIVERY TUNNEL

中国电力出版社
CHINA ELECTRIC POWER PRESS

内 容 提 要

　　本书是结合珠江三角洲水资源配置工程开展的高压输水隧洞预应力混凝土衬砌结构真型试验研究成果。主要内容包括高水压输水隧洞预应力混凝土衬砌结构设计、真型制作、真型试验预应力测试分析、真型加载试验测试分析以及衬砌锚具槽优化设计等，可为今后同类工程设计应用提供有益参考。

　　本书可作为在校研究生和工程技术人员学习应用现代预应力混凝土技术的参考用书。

图书在版编目（CIP）数据

高水压输水盾构隧洞预应力混凝土衬砌结构真型试验研究 / 严振瑞等著. -- 北京：中国电力出版社，2025．6．-- ISBN 978-7-5198-9988-2

Ⅰ．TV672

中国国家版本馆 CIP 数据核字第 2025GN7427 号

出版发行：中国电力出版社
地　　址：北京市东城区北京站西街 19 号（邮政编码 100005）
网　　址：http://www.cepp.sgcc.com.cn
责任编辑：王晓蕾
责任校对：黄　蓓　朱丽芳
装帧设计：王红柳
责任印制：杨晓东

印　　刷：三河市万龙印装有限公司
版　　次：2025 年 6 月第一版
印　　次：2025 年 6 月北京第一次印刷
开　　本：787 毫米 ×1092 毫米　16 开本
印　　张：12.25
字　　数：303 千字
定　　价：78.00 元

前　言

　　珠江三角洲水资源配置工程是为优化配置珠江三角洲地区东、西部水资源，从珠江三角洲网河区西部的西江水系向东引水至珠江三角洲东部，工程设计取水口引水流量为 80m³/s，输水线路总长度为 113.2km，主要供水目标是广州市南沙区、深圳市和东莞市的缺水地区。该工程的实施可有效解决城市经济发展的缺水矛盾，改变广州市南沙区从北江下游沙湾水道取水及深圳市、东莞市从东江取水的单一供水格局，提高供水安全性和应急备用保障能力，适当改善东江下游河道枯水期生态环境流量，对维护广州市南沙区、深圳及东莞市供水安全和经济社会可持续发展具有重要作用。

　　该工程管线穿越珠三角经济发达地区，土地资源稀缺，地面建筑密集，各种浅层市政设施纵横交错，沿线还穿越包括狮子洋、莲花山水道及蕉门水道等三角洲网河区。因此该工程大规模采用了盾构隧洞形式下穿，盾构隧洞长 83.5km，约占线路总长度的 73.8%。受供水要求及管线布置影响，输水管道要承受较高的内水压力，同时仍存在较大的外部压力。其中长度约 28.4km 的管线过水内径 $D=6.4m$，采用盾构施工衬砌管片、内衬无黏结预应力混凝土的结构形式，承受内压最大达 1.5MPa（$H=150m$），为目前国内外 HD 值最大的压力输水盾构隧洞，同时仍存在较大的外部压力（埋深达 60m）。对如此大断面、高内压和高外压同时作用的盾构隧洞工程，目前国内外尚无可直接借鉴的工程实例，使得其采用现浇无黏结预应力混凝土技术在设计和施工上均存在前所未有的难点。为解决工程设计、施工、检测等方面技术难题，并为优化工程设计及施工工艺提供技术支撑，广东粤海珠三角供水有限公司于 2020 年 3 月与广东省水利电力勘测设计研究院有限公司、华北水利水电大学、华南理工大学、黄河勘测规划设计研究院有限公司、水利部交通运输部国家能源局南京水利科学研究院等单位组成的联合体签订了《珠江三角洲水资源配置工程高水压输水隧洞预应力混凝土衬砌结构设计及施工质量控制与检测关键技术研究与应用合同》，开展了高水压输水隧洞预应力混凝土衬砌结构设计方法与关键技术、施工与质量检测监测关键技术等方面的研究工作。

本书是结合珠江三角洲水资源配置工程高水压输水隧洞预应力混凝土衬砌结构设计开展的工程现场真型试验研究成果。主要内容包括高水压输水隧洞预应力混凝土衬砌结构设计、真型制作、真型试验预应力测试分析、真型加载试验测试分析以及衬砌锚具槽优化设计等。

　　本书作者为广东省水利电力勘测设计研究院有限公司严振瑞正高级工程师、姚广亮高级工程师，华北水利水电大学李晓克教授、陈震教授和广东粤海珠三角供水有限公司薛广文工程师。华北水利水电大学赵顺波教授担任主审并提出了修改建议。华北水利水电大学水利工程博士研究生张愚卿，硕士研究生曹国鲁、刘通胜、陈宇光、胡彦高等参与了模型试验与成果分析工作。同时，感谢华南理工大学唐欣薇团队，广东水电二局股份有限公司罗兆涛、罗晶，广东科正水电与建筑工程质量检测有限公司黄井武、林武东、黄晓燕，黄河勘测规划设计研究院有限公司王美斋、尹颐，水利部交通运输部国家能源局南京水利科学研究院汤雷、王海军、张盛行等对本书科研工作给予的鼎力支持。

　　谨以此书献给所有为此项目付出艰辛工作的单位与个人。

著者

2024 年 12 月 30 日

目　录

第 1 章

概述

　　珠江三角洲水资源配置工程旨在优化区域东西部水资源分配，将西江水系的水引至东部，以解决广州市南沙区、深圳市和东莞市的缺水问题。工程通过改变单一供水格局，提高供水安全性和应急保障能力，并改善东江下游枯水期的生态流量，对区域供水安全和可持续发展具有重要意义。本章将介绍工程基础资料，包括工程概况、地形地貌、地层岩性等内容。同时，为满足施工、运行和检修阶段的承载力、抗裂及抗渗要求，工程开展了 1∶1 预应力混凝土衬砌真型洞外试验研究，本章还将阐述试验的目的与内容。

1.1 基础资料

1.1.1 工程概况

珠江三角洲水资源配置工程是为优化配置珠江三角洲地区东、西部水资源，从珠江三角洲网河区西部的西江水系向东引水至珠江三角洲东部，主要供水目标是广州市南沙区、深圳市和东莞市的缺水地区。珠江三角洲水资源配置工程是国务院批准的《珠江流域综合规划（2012—2030年）》提出的重要水资源配置工程，也是国务院要求加快建设的全国172项节水供水重大水利工程之一。实施该工程可有效解决城市经济发展的缺水矛盾，改变广州市南沙区从北江下游沙湾水道取水及深圳市、东莞市从东江取水的单一供水格局，提高供水安全性和应急备用保障能力，适当改善东江下游河道枯水期生态环境流量，对维护广州市南沙区、深圳及东莞市供水安全和经济社会可持续发展具有重要作用[1,2]。

该工程设计引水流量为80m³/s，年供水量为17.08亿m³，其中广州市南沙区5.31亿m³，深圳市8.47亿m³，东莞市3.30亿m³。工程输水线路由输水干线（鲤鱼洲取水口～罗田水库）、深圳分干线（罗田水库～公明水库）、东莞分干线（罗田水库～松木山水库）和南沙支线（高新沙水库～黄阁水厂）组成，总长113.2m（见图1.1）。输水干线从位于佛山市顺德区龙江镇与杏坛镇交界处的西江江中鲤鱼洲岛上取水，经佛山市顺德区进入广州市南沙区高新沙水库，再从高新沙水库供水至罗田水库，总长90.3km，其中双线盾构隧洞长40.8km，单线盾构隧洞长30.7km，钻爆法隧洞长7.7km，TBM法隧洞长10.2km，箱涵长0.8km，沿线设2级泵站，2座高位水池；东莞分干线从罗田水库取水，交水至松木山水库，长约3.5km；深圳分干线从罗田水库取水，交水至公明水库，长约11.9km，设1级泵站；南沙支线从高新沙水库取水，交水至黄阁水厂，长7.4km；南沙应急分水管为南沙支线配套管线，从位于南沙区东涌镇鱼窝头东侧附近的输水干管分水至黄阁水厂，长2.0km[3,4]。

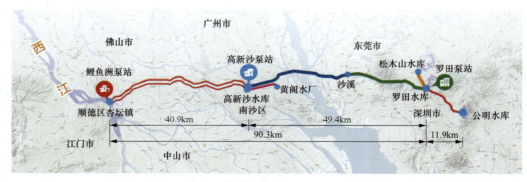

图 1.1　珠江三角洲水资源配置工程输水线路图

该工程管线穿越珠三角经济发达地区，土地资源稀缺，地面建筑密集，各种浅层市政设施纵横交错，管廊布置困难，沿线还穿越包括狮子洋、莲花山水道及蕉门水道等三角洲网河区。因此该工程大规模采用了盾构隧洞形式下穿，盾构隧洞长 83.5km，盾构隧洞长度约占线路总长度的 73.8%，是该工程的重中之重。

该工程盾构隧洞穿越地区具有水系发达、河网密布、航道繁忙、地下水丰富、地下水头高、软土层深厚、地层软硬不均、上软下硬等复杂工程地质及水文地质条件，加之地面建筑密集、人口稠密，交通工程发展快速，均对盾构工程的设计与施工带来了很大的困难与挑战。

受供水要求及管线布置影响，输水管道要承受较高的内水压力，由于该工程输水隧洞断面较大，最大过水内径为 6.4m。若采用钢管内衬，由于交通限高影响，需在各个工作井附近现场设置钢管厂。若采用预应力混凝土内衬，则不用在附近建厂，无需进行钢管防腐处理[5,6]。同时，输水管道仍存在较大的外部压力。对如此高内水压以及高内压、高外压同时作用的工程，使得该工程采用现浇预应力混凝土技术均面临前所未有的挑战。为保证工程在施工、运行、检修等各种工况荷载的作用下满足强度和抗裂抗渗的要求，提高工程的使用寿命，开展高水压输水盾构隧洞预应力混凝土衬砌结构真型试验研究，为优化工程设计及施工工艺提供技术支撑是非常必要的。

1.1.2 地形地貌

该工程输水线路狮子洋以西为冲积平原地貌，地形平坦，地表多为鱼塘及农田种植区，地面高程多为 0～2m，地下水埋深多为 0.5～2m；狮子洋以东主要为珠江口东岸三角洲平原地貌，东部沙溪水库附近局部分布丘陵，三角洲平原地形整体较平缓，在厚街镇往东逐步升高，地表高程多为 0～18m。

1.1.3 地层岩性及岩体风化分带

根据沿线钻孔揭露，线路第四系分为珠江三角洲相沉积和内陆河流相沉积。根据物质组成，从上向下分为 6 个亚层。

②−2 淤质土层：灰、灰黑色淤质黏土、淤质粉质黏土，局部含少量淤质粉细砂，含有少量贝壳，黏性好，软塑状，河流相沉积。在东莞沙田镇分布范围广且连续，在厚街镇、深圳分干线也有零星分布，揭露厚度为 1.2～14.3m，多为 2～8m。该层标准贯入试验共 18 次，击数为 1～7 击，平均值 1.9 击。

②−3 淤质粉细砂层：灰色、灰黑色淤质粉细砂，局部夹淤质黏土薄层，松散状。仅沙田镇有零星分布，钻孔揭露厚度为 2.2～11.6m。该层标准贯入试验共 5 次，击数为 4～13 击，平均值 7.2 击。

②−4 黏性土层：以花斑状、灰褐色粉质黏土、砂质黏土、黏土为主，局部夹有泥质粉

细砂、细砂可塑状，黏性好，东莞沙田、厚街、大岭山镇以及深圳分干线均大量分布且较连续，揭露厚度为 1.0～18.9m，多为 5～10m。该层标准贯入试验共 26 次，击数为 2～22 击，平均值 9.1 击。

取原状土样 9 组，主要物理指标平均值：黏粒含量 33.4%，$k_{20} = 1.3 \times 10^{-7}$cm/s，$\rho = 2.01$g/cm^3，$\rho_d = 1.64$g/cm^3，$w = 23.2\%$，$e = 0.62$，$I_P = 18.4$，$I_L = 0.25$。力学指标平均值为：$a_V = 0.282$MPa^{-1}，属中等压缩性，$E_s = 6.3$MPa；$c_Q = 9.3$kPa，$\Phi_Q = 15.7°$。

② −5 中细砂层：灰黄、灰色，含砾较少，含较多泥质、淤泥质，松散～稍密，局部分布较多粉细砂及粉质黏土、淤泥质土夹层。河流相冲积，分布少且不连续，仅在沙田 ZBDG18、ZBDG19 有揭露。钻孔揭露厚度为 9～9.7m。该层标准贯入试验共 2 次，击数为 12～17 击，平均值 14.5 击。

② −6 砾砂、中粗砂层：以灰白色为主，含砾较多，砂质不均，局部夹泥，稍～中密，为河流相冲积。东莞沙田靠近狮子洋侧、厚街靠近沙溪水库一带分布较多，且较连续，深圳分干线靠近公明水库一带也有大量连续出露，钻孔揭露厚度 0.8～11.8m。该层进行标准贯入试验共 19 次，击数为 4～21 击，平均值 10.8 击。

取扰动砂样共 1 组，试验值为：$G_s = 2.64$，最小干密度 $\rho_{min} = 1.31$g/cm^3，最大干密度 $\rho_{max} = 1.71$g/cm^3，最小孔隙比 $e_{min} = 0.547$，最大孔隙比 $e_{max} = 1.017$，有效粒径 $d_{10} = 0.080$mm，$C_u = 7.41$，$C_c = 2.17$，$\alpha_c = 38.5°$，$\alpha_m = 31.5°$，$k_{20} = 7.01 \times 10^{-3}$cm/s，属强透水。

② −7 砂卵石层：以灰白色、黄褐色为主，不均匀，级配较好，砾质成分以中粗粒石英颗粒为主，中密～密实，为河流相冲积。仅在东莞大岭山镇 ZBD707 钻孔有揭露，揭露厚度 3.4m。

取原状土样 4 组，主要物理指标平均值：黏粒含量 25.1%，$k_{20} = 3.45 \times 10^{-7}$cm/s，$\rho = 1.99$g/cm^3，$\rho_d = 1.65$g/cm^3，$w = 20.8\%$，$e = 0.629$，$I_P = 21.0$。力学指标平均值为：$a_V = 0.28$MPa^{-1}，属中等压缩性，$E_s = 7.0$MPa；$c_Q = 13.8$kPa，$\Phi_Q = 25.3°$。

沿线基岩分布主要为第三系下统莘庄村组（E$_{1x}$）紫红色复成分含砾砂岩、砂岩、粉砂岩、泥岩，分布在高新沙至南沙的东涌镇；白垩系下统百足山组（K$_1$b）泥质粉砂岩、砂岩、砂砾岩、泥岩等，该地层分布范围为沙公堡至东莞沙田、厚街一带；侏罗系金鸡组（J$_1$j）砂岩、泥质粉砂岩、泥岩，分布在东莞厚街镇，其上为白垩系百足山组（K$_1$b）地层，或第四系地层，呈不整合接触，其下为侏罗系上统（J$_3^{1b}\eta\gamma$）侵入的花岗岩，呈侵入接触，以砂岩、泥质粉砂岩、泥岩为主，产状 N60°～70° W/NE ∠ 25°～30°，厚层状；侏罗系上统（J$_3^{1b}\eta\gamma$）侵入的中粒斑状黑云母二长花岗岩，该层在东莞厚街的沙溪水库周边有揭露。

根据钻探揭露和地表地质测绘，线路上基岩按风化程度划分为全风化带（Ⅴ）、强风化带（Ⅳ）和弱风化带（Ⅲ）。

1）全风化带（Ⅴ）：风化较透，呈粉质黏土、砂质黏土状，局部风化不均，局部夹强～弱风化岩块。本层标准贯入试验共 510 次，击数为 9～50 击，平均值 26 击，基本呈硬塑～坚硬土状，表层可塑。

2）强风化带（Ⅳ）：强风化岩体裂隙发育，岩质较软，岩芯多呈碎块状，完整性差。局部风化不均，夹有全风化土或弱风化岩。

3）弱风化带（Ⅲ）：弱风化岩体裂隙较发育，岩质坚硬，钻孔岩芯多呈柱状，完整性较好。

1.1.4　地质构造

工程区地质构造以断层为主。在三角洲平原区第四系覆盖层分布较广，断层多为掩埋基底断层，在东莞、深圳丘陵山区植被发育，露头也较少，在一些采石场、公路边坡有出露。根据区域地质资料、地质测绘和钻探成果，工程区内断裂发育，穿过设计线路的北西向大的断层有 F16、F17。这些断层与设计线路交角多为 40°～90°，断层主要对隧洞围岩稳定有一定影响，大交角相交段影响相对较小，小角度相交的影响较大。与管线有关的主要断层及其特征评价见表 1.1。

表 1.1　管线断层特征及工程地质评价

桩号段	管线形式	断层编号	构造特征	工程地质评价及建议
GS 11+450～ GS 11+500	盾构	f27	掩埋于莲花山水道河底的小断层，产状不明，陡倾角，推测为区域性断层 F16 的伴生小断层；该阶段勘察仅 ZLHS09 钻孔有揭露，埋深 48.5m，破碎带岩石厚度约 2m，以挤压碎裂岩为主，泥质充填，无胶结或胶结差，岩面擦痕严重	设计管底铺设于断层上部约 20m，断层带位置对采用盾构施工影响较小，待下阶段勘察详细查明断层产状及影响带分布大小，进一步论证段工程部位的影响
GS 11+950～ GS 12+050	盾构	F16	掩埋于莲花山水道河底的区域性断裂带，产状 N20°W/NE∠60°～70°，断层带形成风化深槽，岩石挤压破碎严重，且擦痕现象明显；该阶段勘察在钻孔 ZLHS15、ZLHS16 中都有揭露断层破碎带，以强风化～全风化碎裂岩为主，透水性大，影响带范围大，呈现多级发育状态	断层带为掩埋于莲花山水道或狮子洋河底的区域性断裂，影响范围较大；与输水线路呈大角度相交，对围岩稳定影响较小；断层破碎带透水性好，易形成与河水相连的透水通道，且形成地下水富集带。设计拟采用盾构穿过断层破碎带，建议盾构施工时应采取措施保持围岩稳定，加强监测；进行同步防水措施，以免发生涌水事故
GS 15+450～ GS 15+500	盾构	F17	掩埋于狮子洋河底的区域性断裂带，走向 N40°～50°W，陡倾角，倾向 NE 或 SW，断层带形成风化深槽，断层角砾岩发育，以强风化岩块为主，影响带基岩挤压破碎，且有轻度变质作用。该阶段勘察在钻孔 ZSZY20 孔中有揭露该断裂带，以碎裂岩块为主，且透水性较大	
GS 15+580～ GS 15+600	盾构	f28	推测为区域性断裂 F17 的伴生小断层，该阶段勘察在钻孔 ZSZY09 中揭露断裂带发育挤压碎裂岩块，为强风化角砾砂岩，泥质充填，无胶结或胶结差，形成风化深槽	

1.1.5 水文地质条件

工程区位于珠江三角洲地区，东部丘陵地区输水线路在经济较繁荣的东莞、深圳地区，地表水和地下水多被污染。平原区地下水类型以孔隙性潜水为主，地表水与地下水互为补排，雨季主要以大气降水和河流、渠道补给地下水，枯水季地下水补向河流，勘察期间沿线地下水位普遍埋深较浅，多为 1～3m，揭露高程约 0～2m，受潮汐影响较大。山区以基岩裂隙水为主，地下水主要受大气降雨补给，向沟谷排泄，地下水位随地形变化，一般埋深 4.0～10.0m，大多在强风化底部～弱风化带顶部。

根据钻孔揭露，②-3 淤质粉细砂层、②-5 细砂、泥质细砂层、②-6 中粗砂、砾砂层、②-7 砂卵石层以及③-3 细砂、泥质细砂层、③-4 砾砂层、③-5 砂卵石层等为主要含水层。其中②-6、②-7、③-4、③-5 层含水较丰富。

取地表水、地下水样试验结果表明：环境水对钢结构大部分为弱腐蚀性，仅东莞境内环境水对钢结构呈中等腐蚀性；对钢筋混凝土结构中钢筋大多无腐蚀性～弱腐蚀性，局部地区（东莞 ZBD520 地下水）呈中等腐蚀性；对混凝土的腐蚀性在东莞及深圳地区多呈中等腐蚀性。

1.1.6 岩土层主要物理力学参数

南沙番禺段各岩土层主要物理力学参数建议值表见表 1.2，东莞段各岩土层主要物理力学参数建议值表见表 1.3，岩石物理力学参数建议值表见表 1.4、表 1.5。

1.1.7 隧洞设计

珠江三角洲水资源配置工程受供水要求及管线布置影响，输水管道洞径最大内径为 6.4m，设计最大内水压力为 1.5MPa（$H = 150m$），HD 值达到 960（HD 即水头 H 和直径 D 的乘积，通常作为压力管道规模及技术难度的判断标准）。该工程面临大断面和高内外压的挑战，无可直接借鉴的实例，且埋深达 60m。为确保施工、运行及检修阶段满足承载力和抗裂抗渗要求，延长使用寿命，采用了高效预应力和高性能混凝土等新技术与材料，具有显著的技术经济效益。为此，选取最不利状态下内径 6.4m 盾构隧洞预应力混凝土衬砌结构进行设计优化研究，为洞外开展专项试验研究奠定设计基础。

内径 6.4m 盾构隧洞采用预应力混凝土内衬段，所穿越的围岩类型包括Ⅲ类围岩和Ⅳ类围岩，承受的最大内水压力为 1.5MPa，隧洞级别为 1 级，该盾构隧洞穿越围岩和输水内压对应表见表 1.6。偏于安全考虑，设计分析时采用Ⅳ类围岩，盾构隧洞对应数值计算取值参数见表 1.7。

表 1.2 各岩土层主要物理力学参数建议值表（顺德、南沙、番禺）

层序 / 主要岩性	单位	①人工填土	②-1 粉质黏土、黏土	②-2 淤泥	②-3 含淤泥质粉细砂、细砂	②-4 淤泥、淤泥质黏土	②-5 泥质粉细砂、中细砂	②-6 中粗砂、砾砂	②-7 砂卵石	③-1 黏土、粉质黏土	③-2 含有机质粉质黏土	③-3 泥质细砂、中细砂	③-4 中粗砂、砾砂	③-5 砂卵石	④ 坡积含砂粉质黏土	(Ⅴ)全风化土 泥质粉砂岩、泥岩	(Ⅴ)全风化土 砂岩、砂砾岩	(Ⅴ)全风化土 花岗岩	(Ⅳ)强风化 泥质粉砂岩、砂岩	(Ⅳ)强风化 砂岩、花岗岩	(Ⅲ)弱风化 泥质粉砂岩、砂岩	(Ⅲ)弱风化 花岗岩、砂岩
天然密度 ρ	g/cm³	1.82	1.91	1.72	1.93	1.72	—	—	—	1.96	1.74	2.03	—	—	1.99	1.97	1.93	2.03	—	—	—	—
干密度 ρ_d	g/cm³	1.30	1.46	1.17	1.52	1.16	—	—	—	1.54	1.20	1.70	—	—	1.65	1.53	1.48	1.64	—	—	—	—
比重 G_s		2.70	2.78	2.68	2.67	2.68	2.64	2.65	—	2.71	2.67	2.65	2.66	—	2.66	2.73	2.76	2.69	—	—	—	—
压缩系数 a_v	MPa⁻¹	0.54	0.394	0.99	0.284	0.87	—	—	—	0.34	0.74	0.4	—	—	0.28	0.42	0.43	0.193	—	—	—	—
压缩模量 E_s	MPa	4.18	4.9	2.65	7.2	3.16	—	—	—	5.96	3.79	10.8	—	—	7.0	4.43	4.49	10.0	—	—	—	—
水上休止角 α_c	°	—	—	—	38	—	38	39	37	—	—	39	38	37	—	—	—	—	—	—	—	—
水下休止角 α_m	°	—	—	—	27	—	30	31	30	—	—	34	31	30	—	—	—	—	—	—	—	—
承载力特征值 f_{ak}	kPa	80~110	80~100	50~70	90~110	60~80	100~120	180~220	250~350	180~200	80~120	120~140	180~250	250~350	150~180	160~220	160~220	180~250	400~600	600~1000	1000~1500	2000~4000
渗透系数 k	cm/s	1.4×10^{-6}	4.9×10^{-8}	6.8×10^{-7}	4×10^{-3}	2×10^{-7}	1×10^{-3}	1×10^{-2}	5×10^{-2}	8×10^{-8}	6×10^{-8}	2×10^{-3}	7×10^{-3}	6×10^{-2}	5×10^{-7}	5×10^{-6}	5×10^{-6}	3×10^{-6}	—	—	—	—
饱和快剪强度 C_Q	kPa	9.58	10.5	4	9.1	6	—	16	—	9	6	6	—	—	18	11	12	12	—	—	—	—
饱和快剪强度 Φ_Q	°	13.45	12.9	6	22.4	7	—	—	—	11	10.6	23	—	—	18	17	19	29.7	—	—	—	—
总抗剪强度 C_{cu}	kPa	—	—	7.3	—	11	—	—	—	—	—	—	—	—	—	—	—	—	—	—	—	—
总抗剪强度 Φ_{cu}	°	—	—	15.9	—	16	—	—	—	—	—	—	—	—	—	—	—	—	—	—	—	—
有效抗剪强度 c'	kPa	—	—	13.3	—	14	—	—	—	—	—	—	—	—	—	—	—	—	—	—	—	—
有效抗剪强度 φ'	°	—	—	22.3	—	20.9	—	—	—	—	—	—	—	—	—	—	—	—	—	—	—	—
基础与地基土间摩擦系数 f		0.15~0.2	0.15~0.2	0.1~0.15	0.3~0.4	0.1~0.15	0.35~0.45	0.45~0.50	0.5~0.55	0.25~0.3	0.1~0.15	0.35~0.45	0.45~0.5	0.5~0.55	0.25~0.3	0.25~0.35	0.25~0.35	0.25~0.35	—	—	—	—
桩侧摩阻力特征值 q_{sa}	kPa	8~10	25~40	5~10	8~15	5~10	20~35	16	45~60	25~35	5~10	20~35	25~40	50~65	30~40	40~50	40~50	60~70	60~100	60~100	—	—
端阻力特征值 q_{pa}（入土深度<15m）	kPa	—	—	—	—	—	—	700~1400	1200~1600	350~400	—	—	750~1500	1200~1800	—	400~700	400~700	600~900	800~1500	800~1500	4000~7000	4000~7000
端阻力特征值 q_{pa}（入土深度>15m）	kPa	—	—	—	—	—	—	1000~2000	1500~2600	400~500	—	—	1000~2000	1600~2800	—	700~900	700~900	900~1200	—	—	—	—

注 表中桩型为钻孔灌注桩。

表 1.3　各岩土层主要物理力学参数建议值表（东莞、深圳段）

参数	符号	单位	① 人工填土	②-1 粉质黏土、黏土	②-2 淤泥、淤泥质黏土	②-3 含淤泥质粉、细砂、细砂	②-4 淤质黏土	②-5 泥质粉、细砂、中细砂	②-6 中粗砂、砾砂	②-7 砂卵石	④ 坡积合砂性粉质黏土	(V)全风化土 砂岩类	(V)花岗岩	(V)片麻岩(Ptmgn)	(V)石英岩类(Pt2c)	(IV)强风化 砂岩类花岗岩	(IV)片麻岩(Ptmgn)	(IV)石英岩类(Pt2c)	(III)弱风化 砂岩类花岗岩	(III)片麻岩(Ptmgn)	(III)石英岩类(Pt2c)
天然密度	ρ	g/cm^3	1.95	1.91	1.71	2.09	2.01	—	—	—	1.86	2.03	1.92	1.95	1.92	—	—	—	—	—	—
干密度	ρ_d	g/cm^3	1.56	1.46	1.17	1.79	1.64	—	—	—	1.41	1.68	1.52	1.69	1.51	—	—	—	—	—	—
比重	G_s		2.63	2.78	2.63	2.05	2.64	2.65	2.65	—	2.69	2.70	2.64	2.68	2.68	—	—	—	—	—	—
压缩系数	a_v	MPa^{-1}	0.38	0.394	0.9	0.275	0.285	—	—	—	0.5	0.29	0.33	0.33	0.36	—	—	—	—	—	—
压缩模量	E_s	MPa	5.7	4.9	3.46	5.37	6.31	—	—	—	4.8	5.76	5.2	5.41	5.44	—	—	—	—	—	—
水上休止角	α_c	°	—	—	—	31	—	40	39	37	—	—	—	—	—	—	—	—	—	—	—
水下休止角	α_m	°	—	—	—	33	—	33	31	30	—	—	—	—	—	—	—	—	—	—	—
承载力特征值	f_{ak}	kPa	80~110	80~100	50~70	90~110	150~180	100~120	180~220	250~350	150~180	160~220	—	180~250	—	500~600	600~1000	—	1000~1500	2000~4000	—
渗透系数	k	cm/s	7×10^{-8}	4.9×10^{-8}	6×10^{-7}	4×10^{-3}	1.3×10^{-7}	1×10^{-3}	1×10^{-2}	5×10^{-2}	3×10^{-7}	5×10^{-6}	2×10^{-7}	2×10^{-6}	2×10^{-6}	—	—	—	—	—	—
饱和快剪强度	C_Q	kPa	11	7	4	5	8	—	—	—	16	10	27	13.1	11.5	—	—	—	—	—	—
饱和快剪强度	Φ_Q	°	12	3	6	11	9	—	—	—	17	17	15.9	26.1	24.0	—	—	—	—	—	—
总抗剪强度	C_{cu}	kPa	—	—	7.3	—	—	—	—	—	—	—	—	—	—	—	—	—	—	—	—
总抗剪强度	Φ_{cu}	°	—	—	15.9	—	—	—	—	—	—	—	—	—	—	—	—	—	—	—	—
有效抗剪强度	c'	kPa	—	—	13.3	—	—	—	—	—	—	—	—	—	—	—	—	—	—	—	—
有效抗剪强度	Φ'	°	—	—	22.3	—	—	—	—	—	—	—	—	—	—	—	—	—	—	—	—
基础与地基土间摩擦系数	f		0.15~0.2	0.1~0.15	0.1~0.15	0.3~0.4	0.1~0.15	0.35~0.45	0.45~0.50	0.5~0.55	0.25~0.3	0.25~0.35	—	0.25~0.35	—	—	—	—	—	—	—
桩侧摩阻力特征值	q_{sa}	kPa	8~10	25~40	5~10	8~15	5~10	20~35	16	45~60	30~40	40~50	60~70	60~70	—	60~100	80~120	—	—	—	—
桩端阻力特征值 桩入土深度(m) <15	q_{pa}	kPa	—	—	—	—	350~400	—	700~1400	1200~1600	400~700	400~700	—	600~900	—	800~1500	800~1500	—	4000~7000	4000~7000	—
桩端阻力特征值 桩入土深度(m) >15	q_{pa}	kPa	—	—	—	—	—	—	1000~2000	1500~2600	—	—	—	—	—	—	—	—	—	—	—

注　表中桩型为钻孔灌注桩。

表 1.4　各类围岩主要力学参数地质建议值

围岩类别	内摩擦角 Φ'（°）	凝聚力 c'（MPa）	变形模量 E_0（GPa）	泊松比 μ	坚固系数 f	单位弹性抗力系数 K_0（MPa/cm）	
						有压	无压
I	52～56	1.8～2.2	>20	0.17～0.22	>7	>70	20～50
II	48～52	1.3～1.8	10～20	0.22～0.25	5～7	50～70	15～20
III	35～48	0.6～1.3	5～10	0.25～0.30	3～5	30～50	5～15
IV	27～35	0.3～0.6	1～5	0.30～0.35	1～3	5～30	1～5
V	19～27	<0.2	<1	>0.35	<1	<5	<1

注　本表适用于基岩隧洞，不适用于黄土及其他覆盖层隧洞。

表 1.5　岩石物理力学参数建议值

岩石分类（弱风化）	颗粒密度 ρ_p g/cm³	块体密度			弹性模量			泊松比			单轴抗压强度			石英含量	岩石 CAI 磨蚀值 （0.1mm）	磨蚀性等级
		饱和 ρ_s g/cm³	天然 ρ_n g/cm³	烘干 ρ_d g/cm³	饱和 E_{es} MPa	天然 E_{en} MPa	烘干 E_{ed} MPa	饱和 μ_s	天然 μ_n	烘干 μ_d	饱和 R_s MPa	天然 R_n MPa	烘干 R_d MPa			
白垩系 K_1b　泥质粉砂岩、泥岩（软质岩）	2.56	2.51	2.50	2.56	7090	6829	6351	0.23	0.23	0.18	16	21	31	泥岩类：7%（2%～15%）	0.55	非常低
砂岩、砾岩（硬质岩）	2.70	2.64	2.63	2.61	15738	29012	17559	0.27	0.27	0.19	59	77	73		1.69	低
第三系 E_1x　泥质粉砂岩、泥岩（软质岩）	2.72	2.53	2.49	2.41	5534	5941	7126	0.23	0.21	0.19	16	19	26	砂岩类：50%（30%～80%）	0.97	低
砂岩、砾岩（硬质岩）	2.70	2.60	2.58	2.54	19615	22271	8243	0.26	0.27	0.19	69	68	46		2.29	中等
侏罗系 J_1j　砂岩、粉砂岩（硬质岩）	2.71	2.67	2.66	2.65	27827	34060	26849	0.26	0.33	0.16	108	110	126	—	1.5	低
奥陶系 $O_1\eta\gamma$　花岗岩	2.71	2.70	2.69	2.69	55200	43500	57250	0.28	0.22	0.25	110	150	185	31.3%	3.33	高
侏罗系 $J_3^{1b}\eta\gamma$　花岗岩	2.64	2.63	2.62	2.62	52167	48433	62600	0.21	0.20	0.25	130	124	139	33%		
中元古代 Pt_2C　花岗片麻岩、石英岩	2.70	2.69	2.67	2.68	65496	72900	65977	0.23	0.24	0.24	150	132	136	34%	2.87	中等
中元古代 $Pt\eta gn$　片麻岩 混合岩	2.68	2.68	2.67	2.67	72350	71411	81500	0.23	0.26	0.25	226	191	158	33%	3.07	高

表 1.6　内径 6.4m 盾构隧洞穿越围岩和输水内压对应表

围岩类别	Ⅲ类围岩			Ⅳ类围岩		
设计内水压力（MPa）	1.2	1.4	1.5	1.2	1.4	1.5
洞顶最小埋深（m）	15	15	15	28	28	28

表 1.7　内径 6.4m 盾构隧洞岩体材料取值

围岩类别	内摩擦角 Φ'（°）	凝聚力 c'（MPa）	变形模量 E（GPa）	泊松比 μ	弹性模量 E（GPa）
Ⅳ	30	0.50	4	0.33	12

注　根据相关理论和实验，取岩体弹性模量值为变形模量的 3 倍。

1.2　试验目的及内容

珠江三角洲水资源配置工程旨在优化珠江三角洲地区东西部水资源分配，从西江水系向东输水，主要为广州市南沙区、深圳市和东莞市缺水区域供水。由于工程压力隧洞承受较高内水压力，且沿线地质条件复杂，采用现浇预应力混凝土技术在设计和施工上具有独特性。为确保工程在施工、运行、检修阶段满足承载力、抗裂及抗渗要求，并延长其使用寿命，工程引入高效预应力和高性能混凝土等先进技术，具备显著的技术经济效益，因此开展 1∶1 预应力混凝土衬砌真型洞外试验研究尤为必要。

试验目的及内容：

（1）确定衬砌受力性能。监测预应力混凝土顶拱的脱空情况，以确保其稳定性。关注混凝土浇筑过程中的温度变化及其对温度应力的影响，并记录混凝土养护期间的温度变化，以及强度和弹性模量的增长情况。测定钢绞线与孔道壁之间的摩擦系数，以评估在张拉过程中可能出现的摩擦损失。监测衬砌混凝土及钢筋在预应力张拉过程中的应力变化，研究张拉和充水引起的洞径方向衬砌变形，并分析盾构管片在不同施工条件下的应力变化，从而全面评估衬砌的受力性能。

（2）验证设计成果。实测分析结果将用于验证结构计算设计的假设、参数选择的合理性以及结果的安全性和可靠性。这包括实测模型的承载能力、预应力钢筋的张拉摩擦损失、张拉端偏转器的摩阻损失、施工期间混凝土的温度应力、锚具槽免拆模板的实用性、预应力钢筋的张拉顺序、张拉过程及最终应力的测试，以及盾构管片衬砌在联合受力中的作用程度等。这些结果为进一步优化设计提供了重要依据，有助于提高工程的安全性和经济性。

（3）施工工艺与经验积累。确定钢绞线的下料长度和编束方法，以提升施工精度和一致性。选择合适的钢绞线及预留槽的安装和定位工艺，以减少施工过程中的误差和潜在问题。制定详细的预应力张拉和锚具防腐施工程序，以确保工程的长期耐久性和安全性。优化模板台车的运行工艺及开窗方式，提升混凝土浇筑的方法及质量控制水平。通过积累管道预应力钢筋的布设、定位等施工经验，持续改进施工工艺与方法，为未来类似项目提供有效的借鉴与参考。

参考文献

［1］姚广亮，陈震，严振瑞，等. 高内水压盾构隧洞预应力混凝土内衬结构受力分析［J］. 人民长江，2020, 51(6): 148-153.

［2］李晓克，曹国鲁，姚广亮，等. 高压输水隧洞预应力混凝土衬砌锚具槽优化及免拆模板成槽技术研究［J］. 华北水利水电大学学报：自然科学版，2022, 43(5): 13-18.

［3］陆岸典，唐欣薇，严振瑞，等. 无黏结环锚预应力衬砌张拉工艺足尺模型试验研究［J］. 长江科学院院报，2024, 41(3): 142-147.

［4］罗晶，唐欣薇，莫键豪，珠江三角洲水资源配置工程预应力复合衬砌足尺模型试验关键施工工艺研究［J］. 广东水利水电，2024 (1): 39-43.

［5］He H. D., Tang X. W., Lin S. Q., et al. Field experiments and numerical simulations for two types of steel tube lining structures under high internal pressure［J］. Tunnelling and Underground Space Technology, 2022(120) 104272.

［6］Zhang Y. Q., Li X. K., Xue G. W., et al. Mechanical performance of the prestressed concrete lining withstanding prestress of steel strands: Full-scale test and numerical simulation［J］. Alexandria Engineering Journal, 2025(114) 621-635.

高水压输水隧洞预应力混凝土衬砌结构设计

本章围绕高水压输水隧洞预应力混凝土衬砌结构设计，系统阐述了设计理念及关键内容，即在设计原则的指导下，确保隧洞衬砌在高水压条件下满足承载力、抗裂、抗渗和耐久性要求，并兼顾结构的安全性和经济性。详细介绍了衬砌结构的选型过程，结合工程实际提出了应对复杂水文地质条件的最优方案。基于二维设计理论，对预应力钢筋和普通钢筋进行了估算和布置，并通过三维有限元数值仿真优化了预应力钢筋的最终配置方案。在此基础上，完成了 1∶1 预应力混凝土衬砌真型洞外试验的配筋设计，并针对锚具槽开裂问题，优化了槽壁形状和尺寸，提出了变截面锚具槽设计以提升抗裂性能。

2.1 设计原则

2.1.1 基本原则

1. 承载能力极限状态设计

（1）设计状况。

持久状况为：

运营期：衬砌自重 + 衬砌预应力 + 隧洞内水压力 + 管片衬砌围岩压力。

短暂状况为：

施工期：衬砌自重 + 衬砌预应力 + 管片衬砌围岩压力 + 管片衬砌外水压力 + 衬砌间隙灌浆压力；

检修期：衬砌自重 + 衬砌预应力 + 管片衬砌围岩压力 + 管片衬砌外水压力。

（2）承载能力极限状态设计表达式。承载能力极限状态设计表达式为

$$KS \leqslant R \tag{2.1}$$

式中　　K——承载力安全系数，取 1.35；

　　　　S——荷载效应组合设计值；

　　　　R——结构构件的截面承载力设计值。

$$S = 1.05S_{G1k} + 1.20S_{G2k} + 1.20S_{Q1k} + 1.10S_{Q2k} \tag{2.2}$$

式中　　S_{G1k}——自重、设备等永久荷载标准值产生的荷载效应；

　　　　S_{G2k}——土压力、围岩压力等永久荷载标准值产生的荷载效应；

　　　　S_{Q1k}——一般可变荷载标准值产生的荷载效应；

　　　　S_{Q2k}——可控制其不超过规定限制的可变荷载标准值产生的荷载效应。

2. 正常使用极限状态验算

（1）作用（荷载）组合。

运营期：衬砌自重 + 衬砌预应力 + 隧洞内水压力 + 管片衬砌围岩压力；

检修期：衬砌自重 + 衬砌预应力 + 管片衬砌围岩压力 + 管片衬砌外水压力。

（2）正常使用极限状态设计表达式。预应力混凝土衬砌正常使用极限状态设计表达式为

$$S_k(G_k, Q_k, f_k, a_k) \leqslant c \tag{2.3}$$

式中　　$S_k(\bullet)$——正常使用极限状态的荷载效应标准组合值函数；

c ——结构构件达到正常使用要求所规定的变形或应力等的限值；

G_k，Q_k ——永久荷载、可变荷载标准值；

f_k ——材料强度标准值；

a_k ——结构构件几何参数的标准值。

（3）结构的功能限值。隧洞预应力混凝土衬砌长期处于地下和水下环境，结构总体上所处环境条件为三类，结构功能限值按二级裂缝控制等级取值。

在长期的充水运营期，隧洞衬砌边缘混凝土不宜产生拉应力，即

$$\sigma_{ck} - \sigma_{pc} \leqslant 0 \tag{2.4}$$

在充水测试期（或刚充水）和检修期，隧洞衬砌受拉边缘混凝土的拉应力不应超过混凝土轴心抗拉强度标准值的 0.7 倍，即

$$\sigma_{ck} - \sigma_{pc} \leqslant 0.7\gamma f_{tk} \tag{2.5}$$

式中　σ_{ck} ——在荷载标准值作用下，隧洞衬砌抗裂验算边缘的混凝土法向应力；

σ_{pc} ——扣除全部预应力损失后在抗裂验算边缘的混凝土预压应力；

f_{tk} ——混凝土轴心抗拉强度标准值；

γ ——受拉区混凝土塑性影响系数，取 $\gamma = 1.0$。

3. 应力验算指标

（1）作用（荷载）组合。

施工期：衬砌自重＋衬砌预应力＋管片衬砌围岩压力＋管片衬砌外水压力＋衬砌间隙灌浆压力。

（2）应力验算控制表达式。预应力隧洞衬砌施工期应力验算表达式为

$$\sigma_{ct} \leqslant f'_{tk} \tag{2.6}$$

$$\sigma_{cc} \leqslant 0.8 f'_{ck} \tag{2.7}$$

式中　σ_{ct}、σ_{cc} ——相应施工阶段计算截面边缘纤维的混凝土拉应力、压应力；

f'_{tk}、f'_{ck} ——与施工阶段混凝土立方体抗压强度 f'_{cu} 相应的抗拉、抗压强度标准值。

（3）正常使用极限状态验算表达式。隧洞衬砌混凝土正常使用极限状态验算时，式（2.4）和式（2.5）具体表达为式（2.8）和式（2.9）。

$$\sigma_{ck} - \sigma_{pc} \leqslant 0 \text{ (MPa)} \tag{2.8}$$

$$\sigma_{ck} - \sigma_{pc} \leqslant 1.85 \text{ (MPa)} \tag{2.9}$$

考虑到隧洞衬砌结构施加预应力的复杂性及结构沿线地质条件的变化，实际结构受力条件可能会比计算假定的条件更为不利。为了避免出现实际结构抗裂性能低于计算条件下结构抗裂性能，要求预应力衬砌结构中应存在完整的封闭压应力环，以保证预应力混凝土

衬砌结构不致产生贯穿性裂隙而发生渗水溶出性腐蚀破坏，并限制荷载作用对混凝土内部结构损伤处于较低水平，保证混凝土结构具有良好的耐久性能。

预应力张拉时考虑衬砌混凝土达到 100% 混凝土抗拉强度。在施工期应力验算时，式（2.6）和式（2.7）具体表达为：$\sigma_{ct} \leqslant 2.64$ MPa，$\sigma_{cc} \leqslant 25.9$ MPa。

2.1.2 荷载及其组合

荷载包括结构自重、内水压力、外水压力、围岩压力、灌浆压力等。

1. 结构自重

结构自重按式（2.10）计算

$$G_i = \gamma_m V_i \tag{2.10}$$

式中　G_i——结构自重（kN）；

　　　γ_m——为结构材料重度（kN/m³）；

　　　V_i——为结构材料的相应体积（m³）。

2. 内水压力

隧洞衬砌内水压力为 1.5MPa。

3. 外水压力

由《水工隧洞设计规范》（SL 279—2016）[1]，作用在预应力混凝土衬砌结构上的外水压力，可估算如下

$$P_e = \beta_e \gamma_w H_e \tag{2.11}$$

式中　P_e——作用在衬砌结构外表面的外水压力；

　　　β_e——外水压力折减系数。有内水组合时，β_e 应取较小值；无内水组合时，β_e 应取最大值；

　　　γ_w——水的重度，采用 9.81kN/m³；

　　　H_e——地下水位线至隧洞中心的作用水头，内水外渗时取内水压力。

4. 围岩压力

由《水工隧洞设计规范》（SL 279—2016）[1]，围岩作用在衬砌上的荷载可按下式计算：

垂直方向　　　　　$q_v = (0.2 \sim 0.3)\gamma_R b \tag{2.12}$

水平方向　　　　　$q_h = (0.05 \sim 0.10)\gamma_R h \tag{2.13}$

式中　q_v——垂直均布围岩压力（kN/m²）；

　　　q_h——水平均布围岩压力（kN/m²）；

　　　γ_R——岩体重度（kN/m³）；

　　　b——隧洞开挖宽度（m）；

h——隧洞开挖高度（m）。

围岩压力对结构有利时，其系数取小值（运营期），不利时取大值（检修期和施工期）。

5. 施工期衬砌间隙灌浆压力

根据同类工程经验取值[1,10,12]，灌浆压力取为 0.5MPa。

2.1.3 二维设计

1. 二维配筋

（1）预应力钢筋。在正常使用阶段，预应力混凝土衬砌的混凝土不出现拉应力或仅出现有限拉应力，因此可假定所有材料均处于弹性工作状态，将其简化为线弹性双层圆筒轴对称平面形变计算模型，如图 2.1 所示[1,2]。双层圆筒由内向外半径分别为 r_1、r_p 和 r_2，内水压力为 q_1，施加预应力引起的径向外压为 q_2，两圆筒间接触应力为 q_c，q_1、q_2 或 q_c 均以指向衬砌混凝土内部为正。在两圆筒组合作用下，已知 q_1、q_2，两圆筒间的接触应力 q_c 未知。

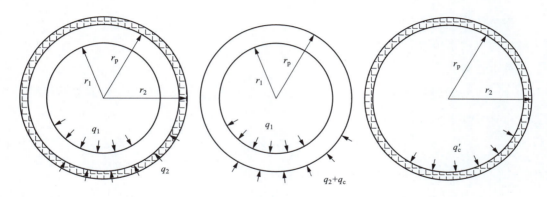

图 2.1　预应力混凝土管道双层圆筒轴对称平面形变计算模型

由预应力混凝土衬砌环形预应力作用机理可知

$$q_2 = \frac{A_y \sigma_{pe}}{r_p} \tag{2.14}$$

式中　A_y——单位长度衬砌内预应力钢筋束截面面积；

　　　σ_{pe}——预应力钢筋的有效预应力。

选取内层圆筒脱离体为研究对象，其环向应力 σ_θ、径向应力 σ_r 分别为

$$\sigma_\theta = \frac{\dfrac{r_p^2}{r^2}+1}{\dfrac{r_p^2}{r_1^2}-1}q_1 - \frac{1+\dfrac{r_1^2}{r^2}}{1-\dfrac{r_1^2}{r_p^2}}(q_2+q_c) \tag{2.15}$$

$$\sigma_r = \frac{\dfrac{r_p^2}{r^2}-1}{\dfrac{r_p^2}{r_1^2}-1}q_1 - \frac{1-\dfrac{r_1^2}{r^2}}{1-\dfrac{r_1^2}{r_p^2}}(q_2+q_c) \tag{2.16}$$

根据厚壁圆筒承受均布内外压力的拉密解答，当 $r=r_1$ 时，运行阶段预应力混凝土衬砌的抗裂由内表面环向应力 σ_{θ,r_1} 控制，应使

$$\sigma_{\theta,r_1} = \frac{r_p^2+r_1^2}{r_p^2-r_1^2}q_1 - \frac{2r_p^2}{r_p^2-r_1^2}(q_2+q_c) \leqslant \alpha_{ct}f_{tk} \tag{2.17}$$

式中　α_{ct}——混凝土拉应力限制系数，该工程取为 0；

f_{tk}——混凝土轴心抗拉强度标准值。

取 $q_1 = p_{hd}$，可得单位长度预应力混凝土衬砌所需环向预应力钢筋截面面积 A_y 为

$$A_y \geqslant \frac{r_p\left(r_2^2+r_1^2\right)p_{hd} - r_p\left(r_2^2-r_1^2\right)\alpha_{ct}f_{tk}}{\left[\left(r_2^2+r_p^2\right)+\dfrac{\mu}{1-\mu}\left(r_2^2-r_p^2\right)\right]\sigma_{pe}} \tag{2.18}$$

输水隧洞预应力混凝土衬砌检修阶段，应保证预应力钢筋所在环外侧的径向拉应力 $\sigma_{r_p,Outer}$ 不超过限值，应使 $\sigma_{r_p,Outer} \leqslant \alpha_{ct}f_{tk}$。令 $q_1 = 0$，可求得单位长度输水隧道预应力混凝土衬砌环向预应力钢筋截面面积 A_y 的允许值为

$$A_y \leqslant \frac{2r_p^3\left(r_2^2-r_1^2\right)\alpha_{ct}f_{tk}}{\left[\left(r_p^2+r_1^2\right)-\dfrac{\mu}{1-\mu}\left(r_p^2-r_1^2\right)\right]\left(r_2^2-r_p^2\right)\sigma_{pe}} \tag{2.19}$$

假定 $\sigma_{pe} = 0.7\sigma_{con}$，当内水压力为 1.5MPa 时采用上式估算输水隧洞预应力混凝土衬砌钢绞线用量。

（2）普通钢筋。

1）配筋计算。为保证结构安全，预应力混凝土衬砌在预应力和内水压力等荷载的共同作用下，其极限承载能力应满足以下要求[1,4,6]

$$K\gamma_Q p_{hd} r_1 \leqslant A_y f_y + A_s f_s \tag{2.20}$$

式中　A_y——单位长度衬砌内预应力钢筋束截面面积；

f_y——预应力钢筋抗拉强度设计值；

A_s——单位长度衬砌内环向非预应力钢筋截面面积；

f_s——非预应力钢筋强度设计值；

p_{hd}——设计内水压力；

r_1——衬砌内半径；

K——承载力安全系数，取 1.35；

γ_Q——设计内水压力 p_{hd} 分项系数。对静水压力和水锤压力，分别取 1.05、1.2。

2）构造要求。衬砌环向受力钢筋的最小配筋率 ρ_{min} 应满足[1,4,6]。

$$\rho_{min} \geqslant \left\{ 0.2\%, \left(0.45\frac{f_t}{f_y}\right)\% \right\}_{max} \qquad (2.21)$$

式中　f_t——混凝土抗拉强度设计值（MPa）；

　　　f_y——钢筋抗拉强度设计值（MPa）。

衬砌纵向分布钢筋的最小配筋率应不小于 0.15%。

2. 三维受力解析解

由于单环预应力钢筋的预压作用沿混凝土衬砌轴向的传递有一定范围，应验算环形预应力钢筋的轴向间距，使其小于最大允许值，保证衬砌各横断面的环向预压应力沿轴向的均匀性[3,4]。基于弹性地基梁理论，将预应力混凝土衬砌的受力按无限长、半无限长和有限长三种管道类型进行研究分析，构建单环预应力作用下的管壁三维受力解析解，确定相邻环向预应力钢筋的最大轴向间距[5-7]。

为满足预应力混凝土衬砌施工阶段的抗裂度要求，预应力钢筋张拉时，可根据管道的类型计算出衬砌混凝土内表面的最大轴向拉应力 $\sigma_{x,in}$ 满足

$$\sigma_{x,inner} \leqslant 1.2\alpha_{ct}\gamma f_{tk} \qquad (2.22)$$

式中　γ——受拉区混凝土塑性影响系数。

设计时，如不满足式（2.22），说明预应力钢筋束一次全部张拉到 100% 张拉控制应力时，预应力混凝土衬砌将不满足内表面轴向抗裂的要求，应采用分阶段张拉的施工措施，使 $k\sigma_{x,inner} \leqslant \alpha_{ct}\gamma f_{tk}$，其中 k 为分阶段张拉时张拉力的系数（ $k \leqslant 1.0$ ）。

在盾构法预应力混凝土衬砌输水隧洞的设计中，针对不同工况的荷载组合，基于二维配筋设计原则，采用三维有限元方法进一步优化预应力钢筋的用量、间距以及普通钢筋的用量。

具体而言，各工况下的荷载组合如下[8-10]：

运营期：衬砌自重 + 衬砌预应力 + 隧洞内水压力 + 管片衬砌围岩压力。

施工期：衬砌自重 + 衬砌预应力 + 管片衬砌围岩压力 + 管片衬砌外水压力 + 衬砌间隙灌浆压力。

检修期：衬砌自重 + 衬砌预应力 + 管片衬砌围岩压力 + 管片衬砌外水压力。

2.2 隧洞衬砌结构选型

1. 衬砌结构

预应力衬砌结构的厚度一般可根据隧洞内径大小，取隧洞内径的 1/12～1/18；衬砌结构越薄，预应力效果越显著[13, 14]。该工程输水隧洞盾构段采用 400mm 厚 C55 混凝土盾构衬砌管片施工成洞，内径 6.4m。根据同类结构研究和工程应用实践经验[15-17]，选取预应力混凝土衬砌厚度为 1/11.6 隧洞内径，即 550mm；考虑检修行车需求，在输水隧洞底部设置 3.0m 宽行车道（见图 2.2）；预应力混凝土衬砌节段长度初步取为 10m。

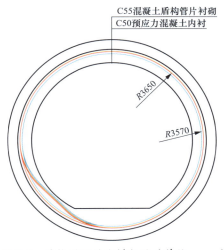

图 2.2　盾构隧洞衬砌横断面（单位：mm）

2. 预应力钢绞线线形

预应力钢绞线沿环向采用双层双圈布置，并通过环锚支撑进行变角张拉。在锚固端和张拉端的锚板上设置锚孔，内外层钢绞线从锚固端开始张拉，沿衬砌环向环绕两圈后，进入张拉端。钢绞线在锚固端和张拉端的包角均为 720°（即 2×360°），如图 2.3 所示。

3. 锚具槽位置

环形预应力钢筋束的锚固采用环锚支撑方式。为确保衬砌受力的对称性，环锚的锚具槽在隧洞底部左右对称布置，其中心线与水平面和垂直面均成 45° 夹角，两个锚具槽相对于隧洞圆心的夹角为 90°，如图 2.4 所示。

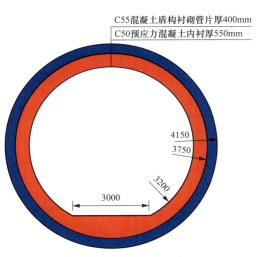

图 2.3　预应力钢绞线线形（单位：mm）

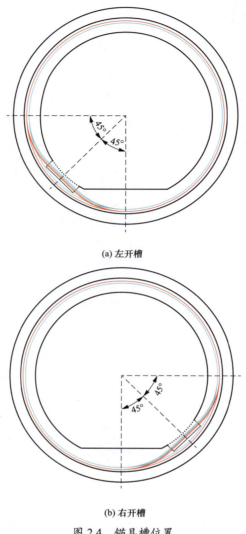

(a) 左开槽

(b) 右开槽

图 2.4　锚具槽位置

2.3　隧洞衬砌结构的配筋设计

2.3.1　预应力钢筋用量估算和布置

　　基于预应力混凝土管道的双层圆筒轴对称平面应变计算模型，计算衬砌内表面的环向应力和预应力钢筋所在环面的径向应力，满足第 2.1.3 节要求后，可估算预应力钢绞线的用量。同时，运用弹性地基梁理论，计算混凝土内表面的最大轴向拉应力，满足第 2.1.3 节要求后，可确定预应力钢绞线的间距。经调试，钢绞线采用 $8\phi^s15.2@500$ 沿衬砌环向双层双圈布置、沿隧洞衬砌轴向的中心间距为 500mm，如图 2.5（a）和（b）所示。环锚支撑变角张拉，环锚锚板锚固端和张拉端各设 8 个锚孔，8 根钢绞线从锚固端起始沿衬砌分内外层环绕 2 圈后进入张拉端，锚具槽详图如图 2.5（c）所示。

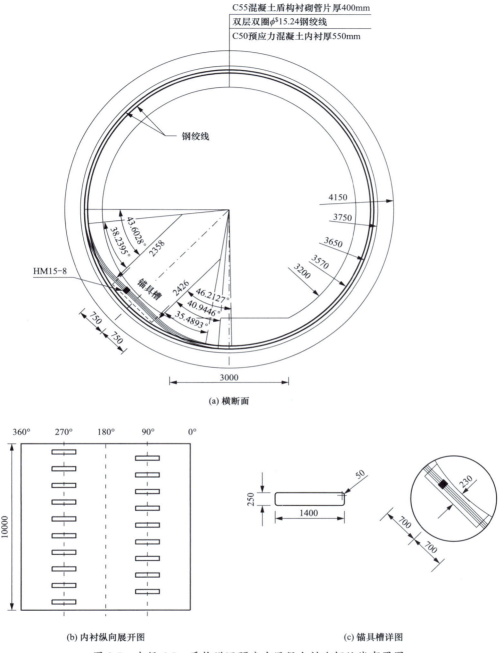

(a) 横断面

(b) 内衬纵向展开图　　　　　　　　(c) 锚具槽详图

图 2.5　内径 6.5m 盾构隧洞预应力混凝土衬砌钢绞线布置图

2.3.2　普通钢筋用量估算和布置

根据 2.1.3 节普通钢筋用量计算及构造要求,内径 6.4m 输水盾构隧洞断面预应力混凝土衬砌普通钢筋布置如图 2.6 所示。

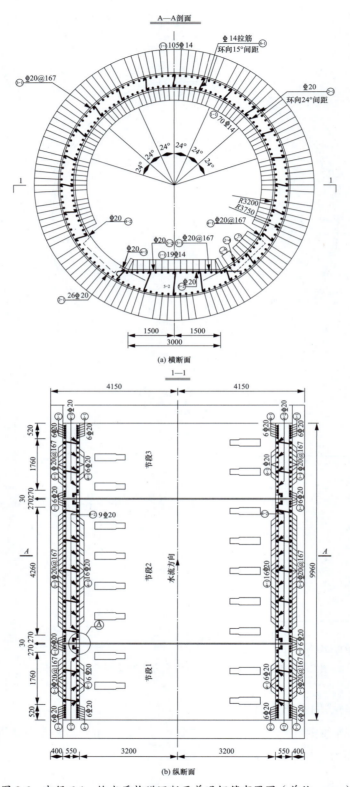

图 2.6　内径 6.4m 输水盾构隧洞断面普通钢筋布置图（单位：mm）

2.3.3 预应力损失计算

1. 锚具变形和预应力钢筋内缩引起的预应力损失 σ_{l1} [1]

预应力钢筋线形为一段直线段和两段曲率半径不同的圆弧形曲线段，预应力张拉及放张锚固后预应力钢筋的应力图形如图 2.7 所示，φ_1 为第一段圆弧曲线的转角值。

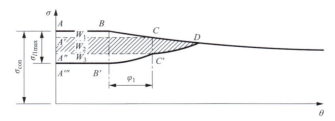

图 2.7 直线段+两段圆弧形预应力钢筋因锚具变形和钢筋内缩引起的损失值示意图

为计算因锚具变形和钢筋内缩引起的预应力损失值 σ_{l1}，取 r_c 为靠近锚具的圆弧曲率半径，由式（2.23）确定预应力钢筋的反向摩擦影响范围 φ_0。

$$\varphi_0 = \frac{1}{\mu + \kappa r_c} \ln \left[\frac{1 - \sqrt{\dfrac{\mu + \kappa r_c}{1000 r_c} \cdot \dfrac{aE_s}{\sigma_{con}} - \left(\dfrac{\mu + \kappa r_c}{1000 r_c}\right)^2 \left(\dfrac{aE_s}{\sigma_{con}} - l_1\right) l_1}}{1 - \dfrac{\mu + \kappa r_c}{1000 r_c} l_1} \right]^{-1} \tag{2.23}$$

式中　　a——锚具变形和预应力钢筋内缩值（mm）；

r_c——圆弧形曲线预应力钢绞线的曲率半径（m）；

μ——预应力钢筋与孔道的摩擦系数；

κ——考虑孔道每米长度局部偏差的摩擦系数；

l_1——预应力钢筋直线段的长度（mm）；

E_s——预应力钢筋弹性模量（MPa）；

σ_{con}——预应力钢绞线张拉控制应力（MPa）。

在全部反向摩擦影响范围内（包括直线段在内）预应力钢筋的缩短值 a 为

$$a = \frac{\sigma_{con}}{E_s} \left\{ \frac{1000 r_c}{\mu + \kappa r_c} \left[1 + \left(1 - \frac{\mu + \kappa r_c}{1000 r_c} \cdot l_1 \right) e^{-2(\mu + \kappa r_c)\varphi_0} - 2e^{-(\mu + \kappa r_c)\varphi_0} \right] + l_1 \right\} \tag{2.24}$$

当 $\varphi_0 \leqslant \varphi_1$ 时，属于直线段+一段圆弧形曲线筋情况计算预应力损失值 σ_{l1}（见图 2.8）。取 φ 为从张拉端至计算截面曲线孔道的切线夹角（以弧度计），因锚具变形和钢筋内缩引起的预应力损失值 σ_{con} 可按下列公式计算。

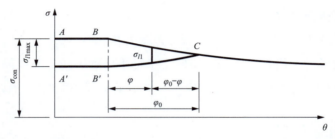

图 2.8　直线段＋一段圆弧形曲线预应力钢筋因锚具变形和钢筋内缩引起的损失值示意图

对直线段

$$\sigma_{l1} = \sigma_{l1\max} = \sigma_{con}\left[1 - e^{-2(\mu+\kappa r_c)\varphi_0}\right] \tag{2.25}$$

对圆弧形曲线段

当 $0 \leqslant \varphi \leqslant \varphi_0$ 时

$$\sigma_{l1} = \sigma_{con}e^{-(\mu+\kappa r_c)\varphi}\left[1 - e^{-2(\mu+\kappa r_c)(\varphi_0-\varphi)}\right] \tag{2.26}$$

当 $\varphi > \varphi_0$ 时

$$\sigma_{l1} = 0 \tag{2.27}$$

当 $\varphi_0 > \varphi_1$ 时，属于直线段＋两段圆弧形曲线筋情况（见图 2.7），应分段按下述步骤确定预应力损失值 σ_{l1}：

（1）将第一段圆弧形曲线末端的转角 φ_1 代入式（2.24）和式（2.25），分别求出区域 W_1 和区域 W_1' 的预应力损失值 σ_{l1}' 和相应的预应力钢筋缩短值 a_1。

（2）令 $a_2 = a - a_1$ 作为区域 W_2 的预应力钢筋缩短值，并把直线段和第一段圆弧形曲线看作是直线段，余下的计算与直线段＋一段圆弧形曲线筋相同，即根据式（2.25）、式（2.26）和式（2.27）计算确定。

（3）上述两步预应力损失值之和即为预应力钢筋由锚具变形和钢筋内缩引起的总的预应力损失值 σ_{l1}。

2. 预应力钢筋与孔道壁之间的摩擦引起的预应力损失 σ_{l2}

预应力钢筋直线段与两段圆弧形曲线分别在切点相连，r_{c1} 为靠近锚具的圆弧曲率半径，φ_1 为该圆弧段的转角值，r_{c2} 为离锚具较远的圆弧曲率半径。

对不同曲率组成的曲线束，宜分段计算孔道摩擦损失，较为精确。对空间曲线束，可按平面曲线束计算孔道摩擦损失，但 θ 角应取空间曲线包角，x 应取空间曲线弧长。则当预应力钢筋为直线段＋两段圆弧形曲线筋时，预应力钢筋与孔道壁之间的摩擦引起的预应力损失值 σ_{l2} 可计算如下：

对直线段和靠近锚具的第一段圆弧形曲线筋，按式（2.28）计算预应力损失值 σ_{l2}。

$$\sigma_{l2} = \sigma_{con}\left(1 - e^{-\left[\kappa(x - l_1) + \mu\theta\right]}\right) = \sigma_{con}\left(1 - e^{-(\mu + \kappa r_c)\theta}\right) \tag{2.28}$$

式中 l_1——预应力钢筋直线段长度（m）。

其余符号含义如前所述。

对离锚具较远的圆弧形曲线筋

$$\sigma_{l2} = \sigma_{con}\left(1 - e^{-(\mu + \kappa r_{c1})\varphi_1}\right)\left(1 - e^{-(\mu + \kappa r_{c2})(\theta - \varphi_1)}\right) \tag{2.29}$$

3. 预应力钢筋应力松弛引起的预应力损失 σ_{l4}

由于该工程 $\sigma_{con} = 0.75 f_{ptk}$，预应力钢筋应力松弛引起的预应力损失 σ_{l4} 按式（2.30）计算。

$$\sigma_{l4} = 0.2 \times \left(\frac{\sigma_{con}}{f_{ptk}} - 0.575\right)\sigma_{con} \tag{2.30}$$

4. 混凝土收缩徐变引起的预应力损失 σ_{l5}

混凝土收缩徐变引起的受拉区、受压区纵向预应力钢筋的预应力损失 σ_{l5}、σ'_{l5} 可按式（2.31）确定。

$$\sigma_{l5} = \frac{35 + 280\dfrac{\sigma_{pc}}{f'_{cu}}}{1 + 15\rho} \tag{2.31}$$

$$\sigma'_{l5} = \frac{35 + 280\dfrac{\sigma'_{pc}}{f'_{cu}}}{1 + 15\rho'} \tag{2.32}$$

式中 σ_{pc}、σ'_{pc}——在受拉区、受压区预应力钢筋合力点处的混凝土法向应力（N/mm^2）；

f'_{cu}——施加预应力时混凝土立方体抗压强度（N/mm^2）；

ρ、ρ'——受拉区、受压区预应力钢筋和非预应力钢筋的配筋率。

5. 管道径向收缩变形引起的预应力损失 σ_{l6}

环形预应力钢筋一般均采用分批张拉，考虑后批张拉钢筋所产生的管道径向收缩变形对先批张拉钢筋的影响，将先批张拉钢筋的应力值 σ_{con} 增加 $\alpha_E \sigma_{pci}$。此处，σ_{pci} 为后批张拉钢筋在先批张拉钢筋重心处产生的混凝土法向应力；α_E 为钢筋弹性模量与混凝土弹性模量的比值。

6. 各阶段预应力损失值的组合

考虑到影响各项预应力损失的因素十分复杂，当计算求得的预应力总损失值 σ_l 小于 80N/mm^2 时，取用 80N/mm^2。

输水隧洞预应力混凝土衬砌结构在各阶段预应力损失值的组合及相应的预应力钢筋有效预应力可按表 2.1 进行计算。

表 2.1　各阶段预应力损失值的组合及预应力钢筋的有效预应力

项次	预应力损失值的组合	预应力钢筋的有效预应力
1	混凝土预压前（第一批）的损失 $\sigma_{lI} = \sigma_{l1} + \sigma_{l2}$	$\sigma_{peI} = \sigma_{con} - \sigma_{lI}$
2	混凝土预压后（第二批）的损失 $\sigma_{lII} = \sigma_{l4} + \sigma_{l5} + \sigma_{l6}$	$\sigma_{peII} = \sigma_{con} - (\sigma_{lI} + \sigma_{lII})$

2.3.4　衬砌结构单独受力的预应力钢筋配置

1. 有限元模型

采用通用有限元分析软件 ABAQUS 进行模型构建和计算分析。整体柱坐标系符合右手坐标系的规定：约定隧洞纵向垂直向外为坐标轴正向，R、T 分别为隧洞径向和切向，坐标轴原点位于纵向坐标为 0 的圆心处。

不考虑围岩和管片衬砌对预应力混凝土衬砌的受力影响，有限元计算模型包括混凝土衬砌、预应力钢筋束和止水带三部分。混凝土衬砌和止水带均采用六 / 五面体 8/6 节点三维实体单元离散，预应力钢筋束采用 2 节点杆单元离散，按照真实设计尺寸建立有限元模型。网格剖分注意结构的受力特点，在关键部位和截面发生突变的部位进行了适当加密，模型如图 2.9 所示，单元类型和单元数见表 2.2。

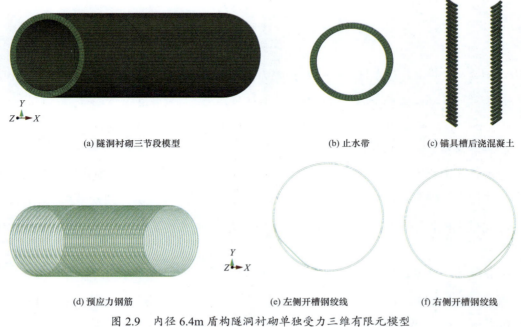

(a) 隧洞衬砌三节段模型　　　　　(b) 止水带　　　(c) 锚具槽后浇混凝土

(d) 预应力钢筋　　　(e) 左侧开槽钢绞线　　　(f) 右侧开槽钢绞线

图 2.9　内径 6.4m 盾构隧洞衬砌单独受力三维有限元模型

表2.2　内径6.4m盾构隧洞Ⅳ类围岩衬砌结构单独受力模型单元剖分

结构部位	单元类型	单元数量
内衬混凝土	三维实体单元	53022
后浇筑张拉锚具槽	三维实体单元	1098
预应力钢筋	杆单元	11346
止水带	三维实体单元	880

　　结构施工前土体沉降已经完成，计算中应不考虑由于土体自重而产生的沉降。为平衡土体自重影响产生的位移并保留其初始应力，将初始应力条件作为结构荷载施加在对应的节点和单元上，使其与未扰动状态下土体的受力状态一致。

　　考虑普通钢筋对结构刚度的影响，混凝土单元采用均化的钢筋混凝土折算弹性模量[18]。预应力钢筋束和钢筋混凝土衬砌各自单独建模，充分考虑了曲线预应力钢筋束对混凝土的作用，使得有限元模型能够更真实地模拟预应力钢筋曲线线形对结构内力分布的影响。预应力钢筋的单元结点与钢筋混凝土单元间通过约束方程法建立起相互作用关系，即通过点（混凝土单元上的一个结点）点（预应力钢筋上的一个结点）自由度耦合来实现[19, 20]。该方法考虑了混凝土和预应力钢筋在外荷载作用下的共同效应，确定了预应力钢筋在外荷载作用下的应力增量，使得预应力的模拟更为真实可靠。

　　预应力钢筋张拉对混凝土的作用采用降温法[21]通过专用程序施加。盾构隧洞预应力衬砌钢绞线沿程预应力损失如图2.10所示，特征点有效应力见表2.3。

　　2.有限元结果分析

　　（1）衬砌结构单独受力全截面抗裂。为了使衬砌混凝土在单独受力时结构满足设计要求，即隧洞衬砌边缘混凝土不出现环向拉应力，通过增加预应力钢筋用量可使正常输水工况下内衬预应力混凝土结构在单独受力时仍满足全截面受压的要求。经试算和反复调整，确定相应的预应力钢筋用量为双层双圈8φ17.8@430。

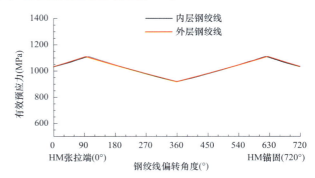

图2.10　内径6.4m盾构隧洞预应力衬砌钢绞线沿程预应力损失

表2.3　预应力沿程特征点处的有效预应力（MPa）

隧洞类型	双层双圈钢绞线	0°	180°	360°
DN6.4m	内层	1033.28	1047.43	920.93
	外层	1035.11	1047.24	920.37

当预应力衬砌在 1.5MPa 内水压力作用下完全由内衬混凝土承担内水压力时，衬砌混凝土应力云图如图 2.11（a）所示，衬砌混凝土全截面环向受压，最小压应力和最大压应力分别为 −0.13MPa 和 −13.3MPa，平均压应力约 −7.00MPa。预应力张拉完成后衬砌混凝土全截面环向受压且压应力较大，最小压应力和最大压应力分别为 −7.96MPa 和 −22.2MPa，平均压应力约 −15.00MPa，不超过 $\sigma_{cc} \leqslant 25.9$ MPa，如图 2.11（b）所示。调整后的预应力配筋既满足正常输水的抗裂要求，也能满足张拉阶段对内衬混凝土的抗压要求，但衬砌混凝土平均环向压应力和局部混凝土压应力偏大。

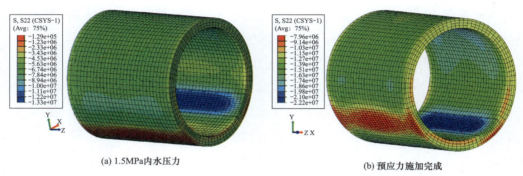

(a) 1.5MPa内水压力　　　　　　　　　　(b) 预应力施加完成

图 2.11　衬砌结构单独受力混凝土环向应力云图（单位：Pa）

（双层双圈 8 ϕ^s 17.8@430）

（2）衬砌结构单独受力允许出现拉应力钢绞线布置。不考虑管片衬砌和外部围岩对隧洞预应力衬砌各受力工况下的联合分担效应，依据内衬混凝土拉应力不超过限值要求重新配置预应力钢筋，确定预应力衬砌相应的预应力钢筋用量，并分析预应力衬砌在各工况下的受力变化规律。

结构功能限值按二级裂缝控制等级取值，即隧洞衬砌受拉边缘混凝土的拉应力不应超过混凝土轴心抗拉强度标准值的 0.7 倍，即[1]

$$\sigma_{ck} - \sigma_{pc} \leqslant 0.7\gamma f_{tk} \qquad (2.33)$$

式中　f_{tk}——混凝土轴心抗拉强度标准值；

　　　γ——受拉区混凝土塑性影响系数，取 $\gamma = 1.0$。

隧洞衬砌混凝土环向应力验算控制指标具体表达为

$$\sigma_{ck} - \sigma_{pc} \leqslant 1.85 \ (\text{MPa}) \qquad (2.34)$$

其余要求均相同。

考虑到本工程施加预应力的复杂性及结构沿线地质条件的变化，实际结构受力条件可能会比计算假定的条件更为不利。为了避免出现实际结构抗裂性能低于计算条件下结构抗裂性能，要求预应力衬砌结构中应存在完整的封闭压应力环，以保证预应力混凝土衬砌结构不致产生贯穿性裂隙而发生渗水溶出性腐蚀破坏，并将荷载作用对混凝土内部结构的损伤限制在较低水平，保证混凝土结构具有良好的耐久性能。

经试算和反复调整，确定预应力钢筋用量为双层双圈 8ϕ^s17.8@500，工况及荷载情况见表 2.4。

表 2.4　计算工况与荷载组合

工况	工况说明	结构自重	外水压力及围岩压力	灌浆固结压力	内水压力	张拉预应力
工况一	施工期 施加完预应力	√	0	0	0	双层双圈 8ϕ^s17.8@500
工况二	运营期 1.5MPa 内水压力 Ⅳ类围岩	√	√下限值	0	0	双层双圈 8ϕ^s17.8@500
工况三	施工期 Ⅳ类围岩 灌浆固结压力	√	√下限值	0.5MPa	0	双层双圈 8ϕ^s17.8@500
工况四	检修期 Ⅳ类围岩	√	√上限值	0	0	双层双圈 8ϕ^s17.8@500
工况五	检修期 1.5MPa 内水压外 Ⅳ类围岩	√	0	内水外渗 1.5MPa	0	双层双圈 8ϕ^s17.8@500

注　表中"√"为考虑该项荷载影响。

1）预应力衬砌混凝土应力。内径 6.4m 盾构隧洞内衬混凝土应力峰值见表 2.5，应力云图见图 2.12 和图 2.13。

表 2.5　预应力衬砌混凝土应力峰值表（MPa）

预应力衬砌混凝土	径向应力 σ_R		环向应力 σ_T	
	最大值	最小值	最大值	最小值
工况一	0.91	−1.99	−6.87	−19.3
工况二	0.78	−2.43	1.00	−10.3
工况三	0.35	−1.43	−9.61	−22.8
工况四	0.82	−2.06	−7.50	−20.0
工况五	0.21	−2.00	−14.9	−29.8

各工况下预应力衬砌混凝土均存在较小的径向拉应力，且分布范围小、影响深度浅，

局部径向拉应力可不予考虑（见图 2.12）。

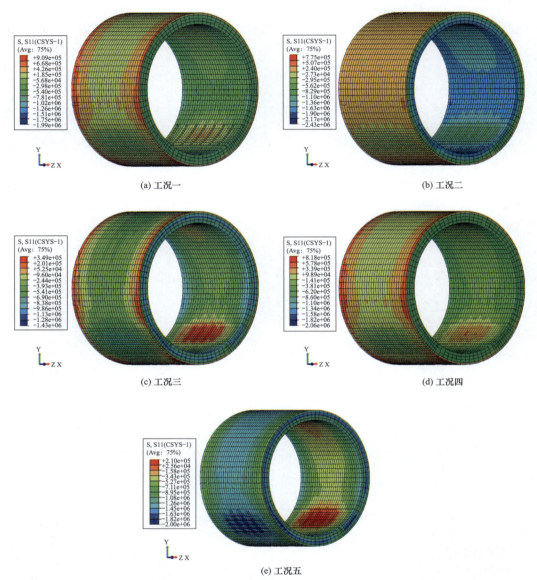

(a) 工况一　　　　　　　　　　　　　(b) 工况二

(c) 工况三　　　　　　　　　　　　　(d) 工况四

(e) 工况五

图 2.12　衬砌结构单独受力混凝土径向应力云图（单位：Pa）

（双层双圈 8 ϕ^s17.8@500）

工况一对应施工期钢绞线张拉完成后状态，衬砌混凝土全截面环向受压，最大压应力 −19.30MPa，最小压应力 −6.87MPa，但均不超过 $0.8f'_{ck}=25.9$MPa。工况二对应衬砌运营期输水状态，全截面主要在两个预应力槽口对应区域外侧和内衬混凝土底部区域内侧存在拉应力，最大拉应力值为 1.00MPa，不超过 $0.7\gamma f_{tk}=1.85$MPa；不存在贯通的拉应力区，且影响范围小［见图 2.13（b）］。工况三对应施工期围岩灌浆状态，衬砌全截面环向受压，

最小压应力 −9.61MPa、最大压应力 22.80MPa，平均环向压应力约 −16.00MPa。工况四对应检修状态，衬砌全截面环向受压，最小压应力 −7.50MPa、最大压应力 20.00MPa，平均环向压应力约 −14.00MPa。工况五对应检修期内水外渗状态，衬砌混凝土全截面环向受压，最大压应力 −29.80MPa、最小压应力 −14.90MPa，平均环向压应力约 −22.00MPa，环向压应力大且最大压应力超过 $\sigma_{cc} \leqslant -25.9$ MPa，但小于 $f_{ck} = -32.4$MPa［见图 2.13（e）］。

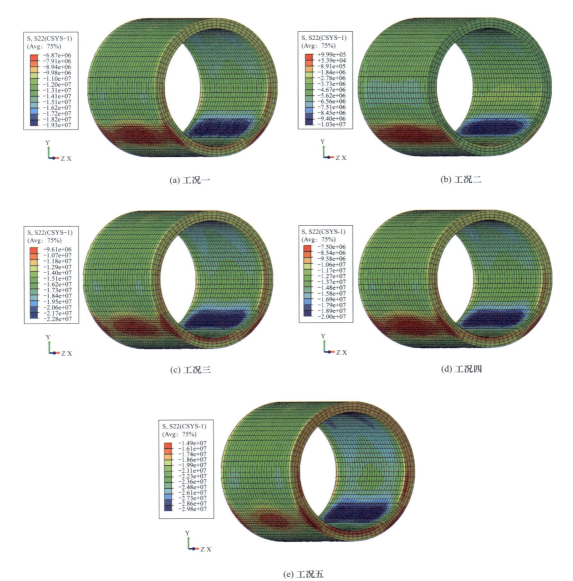

图 2.13　衬砌结构单独受力混凝土环向应力云图（单位：Pa）

（双层双圈 8φ17.8@500）

2）钢绞线应力。工况一即施工期钢绞线张拉完成后钢绞线拉应力最大值 1210MPa，最小值1050MPa；运营期钢绞线有效预应力将进一步减小，但因随荷载变化引起结构变形所致的钢绞线应力增量很小，各工况下钢绞线拉应力满足设计要求（见图2.14）。

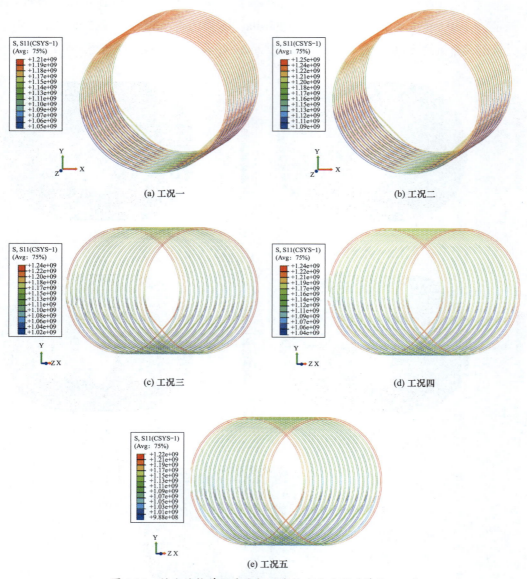

(a) 工况一　　　　　　　　　　　　　　(b) 工况二

(c) 工况三　　　　　　　　　　　　　　(d) 工况四

(e) 工况五

图2.14　衬砌结构单独受力钢绞线拉应力云图（单位：Pa）

（双层双圈 8 ϕ^s17.8@500）

3）位移。预应力衬砌位移峰值见表2.6，位移云图如图2.15～图2.17所示。各工况下预应力衬砌各向位移和不均匀变形均较小，满足设计要求。考虑内衬混凝土单独受力时，张拉阶段内衬混凝土最大不均匀径向位移为1.05mm，正常输水阶段内衬混凝土最大不均匀径向位移为1.03mm，环向位移和纵向位移最大不均匀变形均低于1mm。

表 2.6　预应力衬砌位移峰值表（mm）

预应力衬砌混凝土	径向位移			环向位移			纵向位移		
	最大值	最小值	不均匀变形	最大值	最小值	不均匀变形	最大值	最小值	不均匀变形
工况一	−0.69	−2.03	1.34	0.29	−0.34	0.63	0.30	−0.30	0.60
工况二	0.15	−1.12	1.27	0.31	−0.35	0.66	0.18	−0.18	0.36
工况三	−1.02	−2.14	1.12	0.27	−0.28	0.55	0.35	−0.88	1.23
工况四	−0.81	−1.88	1.07	0.28	−0.28	0.56	0.28	−0.76	1.04
工况五	−1.52	−2.81	1.29	0.27	−0.27	0.54	0.53	−1.17	1.70

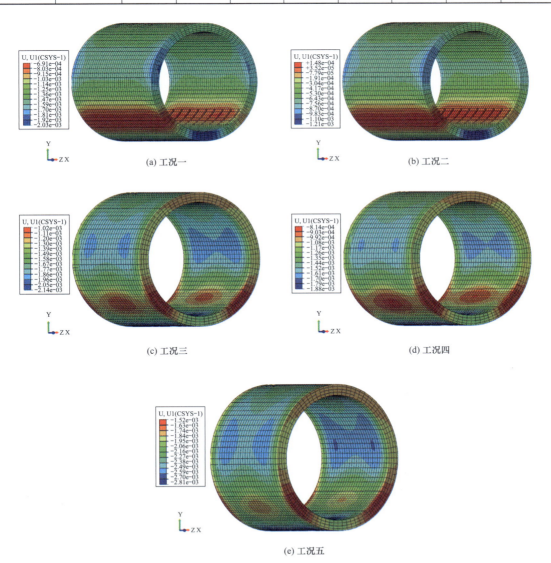

图 2.15　衬砌结构单独受力径向位移云图（单位：m）

（双层双圈 8 ϕ^s17.8@500）

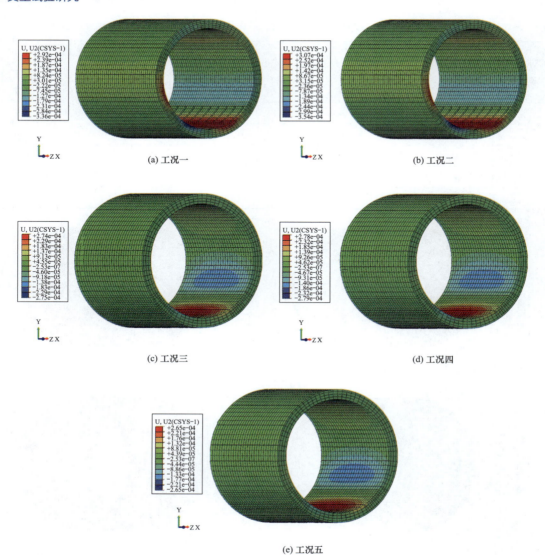

(a) 工况一　　　　　　　　　　　　　　(b) 工况二

(c) 工况三　　　　　　　　　　　　　　(d) 工况四

(e) 工况五

图 2.16　衬砌结构单独受力环向位移云图（单位：m）

（双层双圈 8 ϕ^s17.8@500）

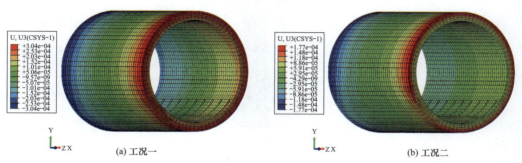

(a) 工况一　　　　　　　　　　　　　　(b) 工况二

图 2.17　衬砌结构单独受力纵向位移云图（单位：m）（一）

（双层双圈 8 ϕ^s17.8@500）

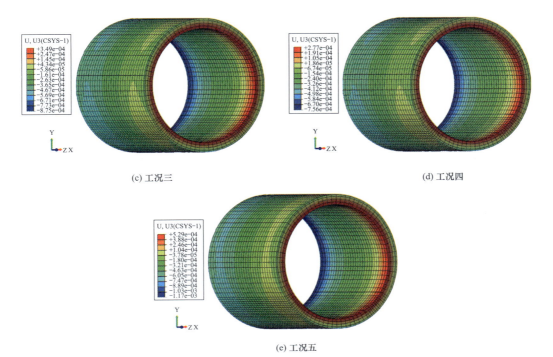

(c) 工况三　　　　　　　　　　　　　　　　　(d) 工况四

(e) 工况五

图 2.17　衬砌结构单独受力纵向位移云图（单位：m）（二）

（双层双圈 8ϕ^s17.8@500）

在施工期围岩压力和灌浆固结压力共同作用下内衬混凝土最大不均匀径向位移为 1.23mm，在检修期 1.50MPa 内水压外渗作用下内衬混凝土最大不均匀径向位移为 1.70mm，满足设计需要。

4）衬砌单独受力预应力钢筋用量确定。根据上述分析，不考虑管片衬砌和外部围岩对隧洞预应力衬砌各受力工况下的联合分担效应，按一级裂缝控制等级确定衬砌预应力钢筋用量为双层双圈 8ϕ^s17.8@430，但衬砌混凝土平均环向压应力和局部混凝土压应力偏大；放宽混凝土应力控制标准，按二级裂缝控制等级且衬砌全截面存在贯通的环向受压区，确定衬砌预应力钢筋用量为双层双圈 8ϕ^s17.8@500。

2.3.5　衬砌结构联合受力的预应力钢筋配置

1. 衬砌联合受力模型

考虑围岩和管片衬砌对预应力混凝土衬砌的受力影响，输水隧洞围岩选取范围应能够包含结构应力、变形的区域，构建模型范围取为：X 方向 $-9 \sim 9$m；Y 方向 $-9 \sim 9$m；Z 方向取 10m。将行车道断面作为结构的安全储备不考虑其对结构受力的有利影响，有限元模型忽略该区域。

对于盾构隧洞管片衬砌，修正惯用法[22-24]认为将管片接头部分弯曲刚度的下降均摊到管片环上，可弥补因管片接头存在造成的刚度下降，即等效圆环刚度要小于与单个管片相同的圆环刚度。引入弯曲刚度有效率 η，将等效圆环的弯曲刚度表示为 ηEI。考虑到管片接头存在铰的部分功能，将向相邻管片传递部分弯矩，使得错缝拼装管片间内力重分配。引入弯矩提高率 ζ，得到（$1+\zeta$）M 为主截面设计弯矩，（$1-\zeta$）M 为接头设计弯矩，ζ 为传递给邻近环片上的弯矩与等效均质圆环上产生的弯矩之比。胡如军的研究表明 η 的取值可引起内力发生 10% 幅度的变化。目前弯曲刚度有效率 η 的取值方法主要有两种：一是传统方法，习惯以试验结果为基础，凭借以往工程经验确定；二是采用梁 – 弹簧模型计算。在日本土木学会、日本道路协会制定的《盾构用标准管片》（1982 年版）中规定，$\eta = 0.6 \sim 0.8$，$\zeta = 0.3 \sim 0.5$。黄正荣采用梁 – 弹簧模型计算的方法，提出国内常见的 6 块分割、小封顶管片，错缝 22.5° 与错缝 45° 两种拼装方式对 η 的影响不超过 3%，且管片接头刚度一定时 η 与径向相对刚度的对数基本成线性关系。为便于计算，有限元模拟中通过折减盾构衬砌管片弹性模量来近似模拟管片接头的影响，数值计算中将 C55 混凝土盾构衬砌管片弹性模量折减为原弹性模量的 80%。

有限元计算模型包括管片衬砌、混凝土衬砌、预应力钢筋以及相应的围岩土体。围岩土体和衬砌均采用六 / 五面体 8/6 节点三维实体单元离散，预应力钢筋采用 2 节点杆单元离散，按照真实设计尺寸建立有限元模型。网格剖分注意结构的受力特点，在关键部位和截面发生突变的部位进行了适当加密。内径 6.4m 盾构输水隧洞Ⅳ类围岩三维有限元计算模型如图 2.18 所示，盾构衬砌管片、混凝土内衬和相应土体基础单元类型及单元数见表 2.7。

考虑盾构法隧洞管片外衬砌、预应力混凝土内衬砌和外部围岩联合效应，盾构管片与内衬混凝土之间按照部分黏结模型考虑，通过变形计算可得到盾构管片与内衬混凝土在内水压力作用下的黏结区域，在考虑联合受力时盾构管片与内衬混凝土通过黏结区域传递荷载，进而实现共同受力。

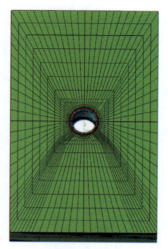

(a) 隧洞三维有限元模型

图 2.18　内径 6.4m 盾构隧洞衬砌联合受力三维有限元模型（一）

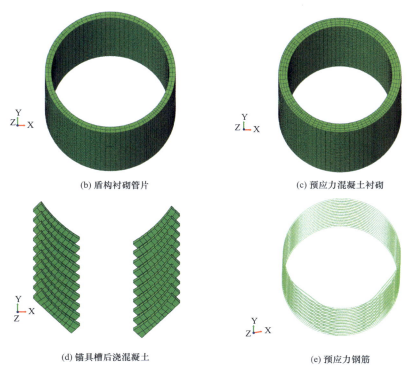

(b) 盾构衬砌管片　　　　　　　　　(c) 预应力混凝土衬砌

(d) 锚具槽后浇混凝土　　　　　　　　(e) 预应力钢筋

图 2.18　内径 6.4m 盾构隧洞衬砌联合受力三维有限元模型（二）

表 2.7　内径 6.4m 盾构隧洞 Ⅳ 类围岩衬砌结构联合受力模型单元剖分

结构部位	单元类型	单元数
内衬混凝土	三维实体单元	13952
后浇筑张拉锚具槽	三维实体单元	400
预应力钢筋	杆单元	3680
盾构衬砌管片	三维实体单元	7176
周围岩体	三维实体单元	39468

2. 有限元结果分析

考虑盾构隧洞管片外衬砌、预应力混凝土内衬砌和外部围岩联合受力，分析隧洞衬砌受力规律并明确合理的预应力钢筋用量。计算工况及荷载组合情况见表 2.8。

表 2.8　计算工况与荷载组合

工况	工况说明	结构自重	外水压力及围岩压力	灌浆固结压力	内水压力	张拉预应力
工况一	施工期 施加完预应力	√	0	0	0	双层双圈 $8\phi15.2@500$

工况	工况说明	结构自重	外水压力及围岩压力	灌浆固结压力	内水压力	张拉预应力
工况二	运营期 1.5MPa 内水压力 Ⅳ类围岩	√	√下限值	0	1.5MPa	双层双圈 8ϕ^s15.2@500
工况三	施工期 灌浆固结压力 Ⅳ类围岩	√	√下限值	0.5MPa	0	双层双圈 8ϕ^s15.2@500
工况四	检修期 Ⅳ类围岩	√	√上限值	0	0	双层双圈 8ϕ^s15.2@500
工况五	检修期 1.5MPa 内水压外 Ⅳ类围岩	√	0	内水外渗 1.5MPa	0	双层双圈 8ϕ^s15.2@500

注 表中"√"为考虑该项荷载影响。

对三维实体单元应力分析分别考虑径向应力 σ_R、环向应力 σ_T 和纵向应力 σ_Z，钢筋单元考虑径向应力 σ_R 即拉应力。土体应力很小，可不予考虑。应力结果分别考虑盾构衬砌管片、内衬混凝土以及预应力钢筋等关键部位的应力结果。约定云图中模型应力量纲为 Pa。

（1）预应力混凝土衬砌应力。内径 6.4m 盾构隧洞内衬混凝土应力峰值见表 2.9，应力云图见图 2.19 和图 2.20。

表 2.9　预应力衬砌混凝土应力峰值表（MPa）

内衬混凝土	径向应力 σ_R		环向应力 σ_T	
	最大值	最小值	最大值	最小值
工况一	0.52	−0.93	−3.32	−14.4
工况二	−0.44	−2.10	−0.69	−11.0
工况三	0.21	−1.21	−5.32	−16.8
工况四	0.26	−1.09	−4.18	−15.4
工况五	0.20	−1.41	−7.21	−19.1

工况一对应施工期钢绞线张拉完成后状态，衬砌混凝土全截面环向受压，最大压应力 −14.4MPa，最小压应力 −3.32MPa，平均环向压应力约 −9.00MPa。

工况二对应运营期隧洞输水状态，衬砌混凝土全截面环向受压，最大压应力 −11.00MPa，最小压应力 −0.69MPa，平均环向压应力约 −6.00MPa；衬砌混凝土径向应力全截面受压，压应力值相对较小，最大径向压应力值为 −2.10MPa。

工况三对应施工期围岩灌浆状态，衬砌混凝土全截面环向受压，最大压应

力 −16.80MPa，最小压应力 −5.32MPa，平均环向压应力约 −11.00MPa。

工况四对应检修状态，衬砌混凝土全截面环向受压，最大压应力 −15.40MPa，最小压应力 −4.18MPa，平均环向压应力 −9.00MPa。

工况五对应检修期内水外渗状态，衬砌混凝土全截面环向受压，最大压应力 −19.1MPa，最小压应力 −7.21MPa，平均环向压应力约 −13.00MPa，不会出现失稳；衬砌混凝土径向应力全截面受压，压应力值相对较小，最大混凝土径向压应力值为 −1.41MPa。

各工况下预应力衬砌混凝土全截面环向受压，工况五时衬砌内侧锚具槽位置混凝土环向压应力达到最大值 −19.1MPa，但仍小于 $\sigma_{cc} \leqslant 25.9$ MPa，满足设计要求。

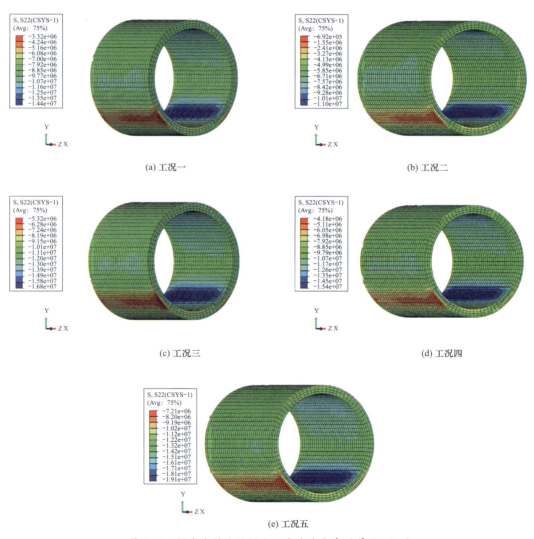

(a) 工况一　　　　　　　　　　　　　　　　(b) 工况二

(c) 工况三　　　　　　　　　　　　　　　　(d) 工况四

(e) 工况五

图 2.19　预应力衬砌混凝土环向应力分布（单位：Pa）

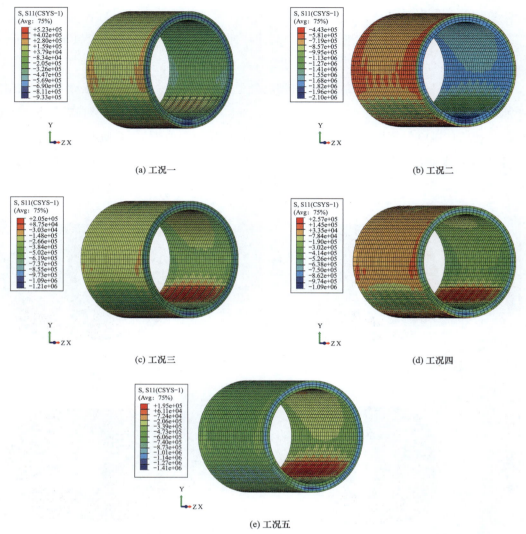

(a) 工况一

(b) 工况二

(c) 工况三

(d) 工况四

(e) 工况五

图 2.20　预应力衬砌混凝土径向应力分布（单位：Pa）

（2）管片衬砌混凝土应力。盾构隧洞管片衬砌混凝土应力峰值见表 2.10，应力云图如图 2.21 和图 2.22 所示。

工况一对应施工期钢绞线张拉完成后状态，盾构衬砌管片受力基本为 0。

工况二对应运营期隧洞输水状态，管片衬砌混凝土全截面环向受拉，最大拉应力 2.26MPa，最小拉应力 1.83MPa，平均环向拉约 2.0MPa。管片衬砌混凝土径向应力全截面受压，压应力值相对较小，最大径向压应力值为 −0.85MPa。

工况三对应施工期围岩灌浆状态，管片衬砌混凝土全截面环向受压，最大压应力 −1.70MPa，最小压应力为 −1.29MPa，平均环向压应力约 −1.50MPa。

工况四对应检修状态，管片衬砌混凝土全截面环向受压，最大压应力 −0.79MPa，最小

压应力 –0.55MPa，平均环向压应力 –0.6MPa。

工况五对应检修期内水外渗状态，管片衬砌混凝土全截面环向受压，最大压应力为 –3.11MPa，最小压应力为 –2.44MPa，平均环向压应力 –3.00MPa；管片衬砌混凝土径向应力全截面受拉，最大径向拉应力值为 0.80MPa。

由《水工混凝土结构设计规范》（SL 191—2008）可知，C55 混凝土抗拉强度标准值为 2.74MPa，在不考虑外水压力和围岩压力等有利荷载作用时，盾构管片衬砌混凝土承受的最大拉应力为 2.26MPa，低于混凝土抗拉强度标准值，满足抗裂要求。

表 2.10　管片衬砌混凝土应力峰值表（MPa）

盾构衬砌管片	径向应力 σ_R		环向应力 σ_T	
	最大值	最小值	最大值	最小值
工况一	0	0	0	0
工况二	−0.55	−0.85	2.26	1.83
工况三	0.14	−0.10	−1.29	−1.70
工况四	−0.14	−0.30	−0.55	−0.79
工况五	0.80	0.45	−2.44	−3.11

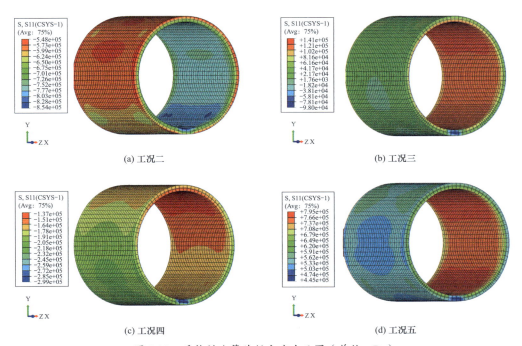

(a) 工况二　　　　　　　　　　　　(b) 工况三

(c) 工况四　　　　　　　　　　　　(d) 工况五

图 2.21　盾构衬砌管片径向应力云图（单位：Pa）

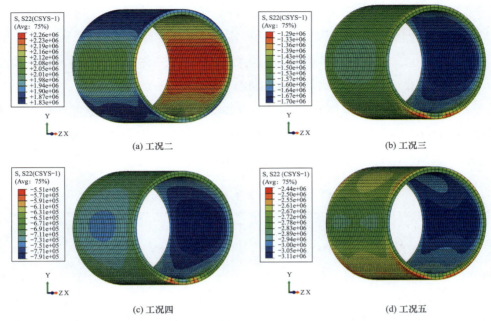

(a) 工况二　　　　　　　　　　　　　　(b) 工况三

(c) 工况四　　　　　　　　　　　　　　(d) 工况五

图 2.22　盾构衬砌管片环向应力云图（单位：Pa）

（3）钢绞线应力。工况一即施工期，钢绞线张拉完成后钢绞线拉应力最大值为 1240MPa，最小值为 1080MPa（见图 2.23）；运营期钢绞线有效预应力将进一步减小，但因随荷载变化引起结构变形所致的钢绞线应力增量很小，钢绞线受力满足设计要求。

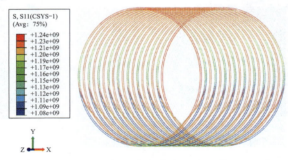

图 2.23　工况一钢绞线拉应力云图（单位：Pa）

（4）位移。为便于成果分析比较，约定位移值为"＋"时表明该结构部位的位移与相应的坐标轴正向一致，位移值为"－"时表示沿各坐标轴负向一致；若无特别说明，计算结果均为沿整体坐标的位移值；若计算结果整理为局部坐标系，则将有特别说明。

预应力衬砌位移峰值见表 2.11，位移云图如图 2.24～图 2.26 所示。各工况下预应力衬砌各向位移较小，最大不均匀变形不超过 2.50mm，满足设计要求。

表 2.11 预应力衬砌位移峰值表（mm）

内衬混凝土	径向位移			环向位移			纵向位移		
	最大值	最小值	不均匀变形	最大值	最小值	不均匀变形	最大值	最小值	不均匀变形
工况一	0.29	−1.77	2.06	1.06	−1.07	2.13	0.33	−0.33	0.66
工况二	0.56	−1.39	1.95	1.02	−1.02	2.04	0.30	−0.31	0.61
工况三	0.16	−2.11	2.27	1.16	−1.17	2.33	0.37	−0.38	0.75
工况四	0.25	−1.94	2.19	1.13	−1.14	2.27	0.35	−0.35	0.70
工况五	0.01	−2.37	2.38	1.22	−1.23	2.45	0.41	−0.42	0.83

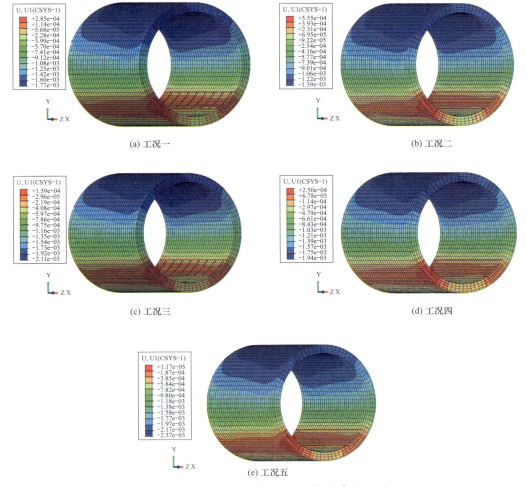

(a) 工况一　　　　　　　　　　　　　　(b) 工况二

(c) 工况三　　　　　　　　　　　　　　(d) 工况四

(e) 工况五

图 2.24 预应力衬砌径向位移云图（单位：m）

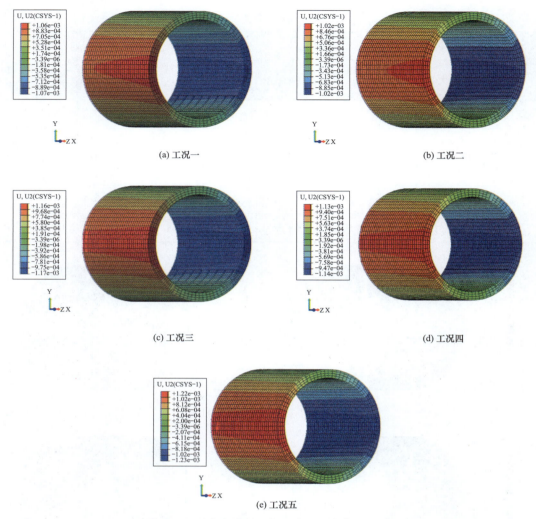

图 2.25　预应力衬砌环向位移云图（单位：m）

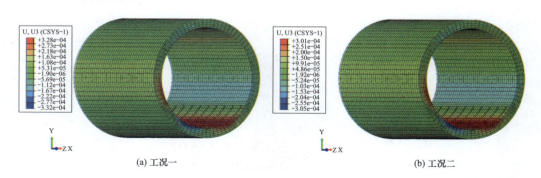

图 2.26　预应力衬砌纵向位移云图（单位：m）（一）

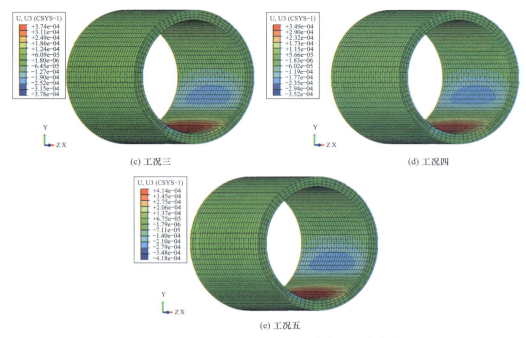

(c) 工况三　　　　　　　　　　　　　　　(d) 工况四

(e) 工况五

图 2.26　预应力衬砌纵向位移云图（单位：m）（二）

　　盾构管片衬砌位移峰值见表 2.12，位移云图如图 2.27～图 2.29 所示。各工况下盾构管片衬砌各向位移较小，最大不均匀变形不超过 2.25mm，满足设计要求。

表 2.12　盾构管片衬砌位移峰值表（mm）

盾构衬砌管片	径向位移			环向位移			纵向位移		
	最大值	最小值	不均匀变形	最大值	最小值	不均匀变形	最大值	最小值	不均匀变形
工况一	0	0	0	0	0	0	0	0	0
工况二	0.55	−1.38	1.93	0.89	−0.90	1.79	0.23	−0.23	0.46
工况三	0.16	−2.08	2.24	1.05	1.06	2.11	0.28	−0.29	0.57
工况四	0.25	−1.91	2.16	1.02	1.03	2.05	0.26	−0.27	0.53
工况五	0.01	−0.23	0.24	1.11	−1.12	2.23	0.31	−0.32	0.63

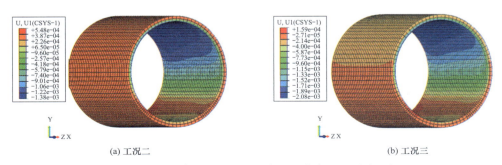

(a) 工况二　　　　　　　　　　　　　　　(b) 工况三

图 2.27　盾构管片衬砌径向位移云图（单位：m）（一）

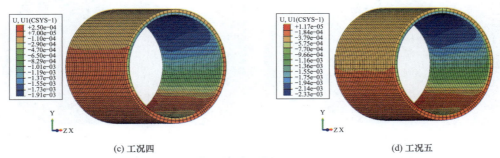

(c) 工况四　　　　　　　　　　　　　　　(d) 工况五

图 2.27　盾构管片衬砌径向位移云图（单位：m）（二）

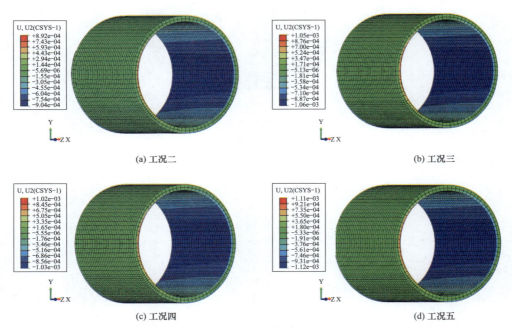

(a) 工况二　　　　　　　　　　　　　　　(b) 工况三

(c) 工况四　　　　　　　　　　　　　　　(d) 工况五

图 2.28　盾构管片衬砌环向位移云图（单位：m）

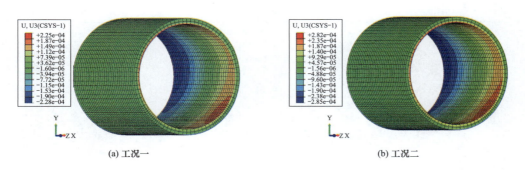

(a) 工况一　　　　　　　　　　　　　　　(b) 工况二

图 2.29　盾构管片衬砌纵向位移云图（单位：m）（一）

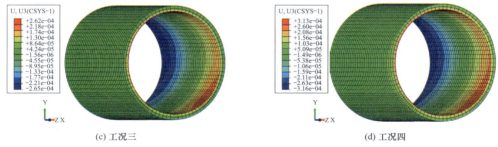

(c) 工况三   (d) 工况四

图 2.29　盾构管片衬砌纵向位移云图（单位：m）（二）

（5）衬砌联合受力预应力钢筋用量确定。根据上述分析，考虑盾构隧洞管片外衬砌、预应力混凝土内衬砌和外部围岩联合受力，盾构隧洞预应力衬砌采用双层双圈 8ϕ15.2@500 钢绞线可满足设计要求。

2.4　真型试验衬砌结构的配筋设计

2.4.1　真型试验结构方案

基于内径 6.4m 盾构隧洞预应力混凝土衬砌结构设计成果，综合考虑衬砌受力体系、钢绞线布置和防腐、锚具、混凝土施工等因素，确定隧洞预应力混凝土衬砌 1∶1 真型洞外试验段设计方案。真型试验段由盾构管片衬砌和预应力混凝土衬砌组成。管片外径 8.3m、厚度 0.4m，共 7 环，总长度 11.2m，混凝土等级为 C55。预应力混凝土衬砌内径 6.4m，衬砌厚度均为 550mm，混凝土强度等级为 C50，抗渗等级 W12，由三段预应力混凝土衬砌＋两条止水缝组成，总长度为 9.96m。其中预应力混凝土衬砌节段 1 和节段 3 长度为 2.55m，节段 2 长度为 4.80m；节段间止水缝宽度为 30mm；锚具槽中心间距为 0.5m，左、右两侧 45°位置交替布置，共 17 个槽；衬砌置于长 11.2m、宽 10.4m 和高 3.275m 的基座上，混凝土等级为 C30（见图 2.30～图 2.32）。

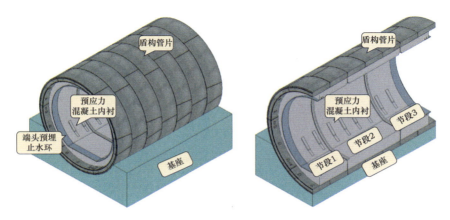

图 2.30　隧洞预应力混凝土衬砌真型试验段三维示意图

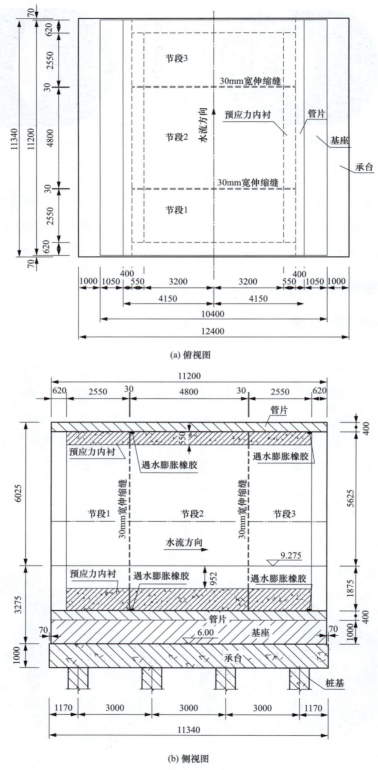

(a) 俯视图

(b) 侧视图

图 2.31　衬砌真型试验段结构图（单位：mm）（一）

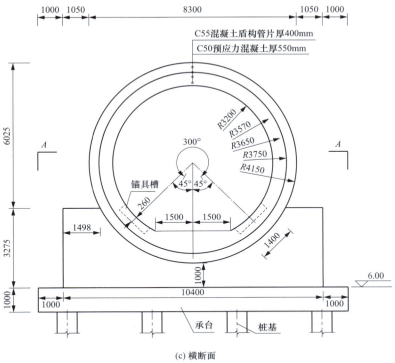

(c) 横断面

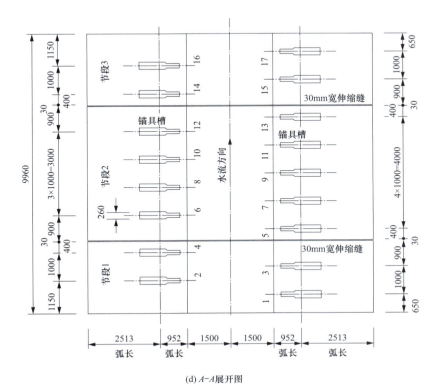

(d) A-A展开图

图 2.31 衬砌真型试验段结构图（单位：mm）（二）

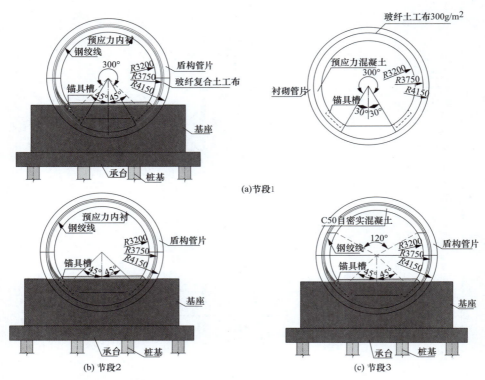

图 2.32　隧洞预应力混凝土衬砌节段横断面示意图（单位：mm）

2.4.2　真型试验结构配筋

钢绞线采用"双层双圈"布置，直径包括 $\phi^s 17.8$ 和 $\phi^s 15.2$ 两种，钢绞线类型分无黏结钢绞线和缓黏结钢绞线。无黏结钢绞线根据防腐方式不同，分为单丝涂覆环氧涂层和镀锌钢绞线两种，各节段特性见表 2.13。隧洞预应力衬砌各节段预应力钢筋布置如图 2.33 所示，普通钢筋布置如图 2.34 所示。各节段混凝土材料属性见表 2.14，钢绞线材料属性见表 2.15。

表 2.13　衬砌真型试验各节段特性

类目	节段 1	节段 2	节段 3
长度（mm）	2550	4800	2550
受力体系	分开受力	联合受力	联合受力
管片与内衬间隔层	顶部 300°，布设玻纤复合土工布（300g/m²）	—	—
钢绞线布置	$\phi^s 17.8$ 双层双圈	$\phi^s 15.2$ 双层双圈	$\phi^s 15.2$ 双层双圈
钢绞线防腐	单丝涂覆环氧涂层无黏结钢绞线	单丝涂覆环氧涂层无黏结钢绞线	镀锌无黏结钢绞线 + 缓黏结钢绞线
锚具	HM17-8 环锚	HM15-8 环锚	HM15-8 环锚
内衬混凝土	C50 常规混凝土抗渗等级 W12	C50 常规混凝土抗渗等级 W12	C50 常规混凝土 + C50 自密实混凝土（顶部 120°）抗渗等级 W12

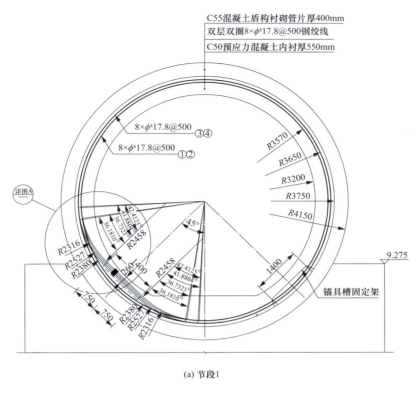

(a) 节段1

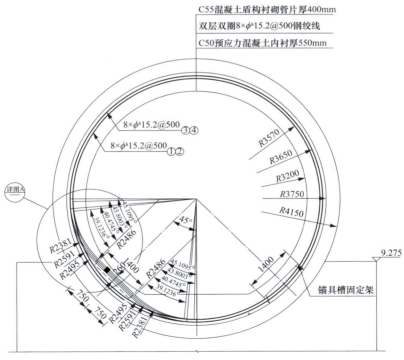

(b) 节段2、节段3

图 2.33 衬砌预应力钢筋布置图（单位：mm）

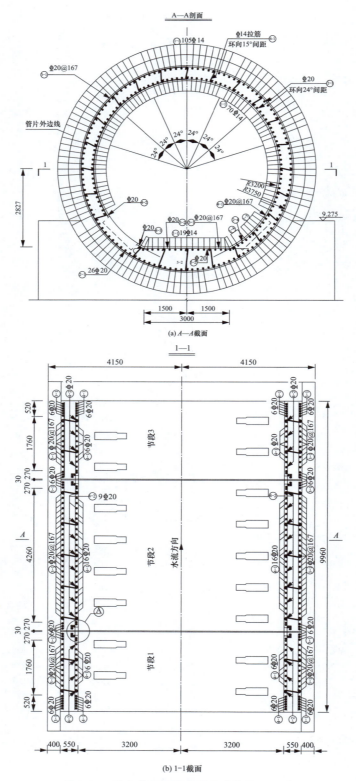

图 2.34 衬砌普通钢筋布置图（单位：mm）

表 2.14 　混 凝 土 材 料 属 性

混凝土强度等级	密度（kN/m³）	弹性模量（GPa）	泊松比	轴心抗压强度（MPa）	轴心抗拉强度（MPa）	线膨胀系数
C20	26.0	25.5	0.20	13.4	1.54	1.0×10^{-5}
C30	26.0	30.0	0.20	20.1	2.01	1.0×10^{-5}
C50	26.0	34.5	0.20	32.4	2.64	1.0×10^{-5}
C55	26.0	35.5	0.20	35.5	2.74	1.0×10^{-5}

表 2.15 　钢 绞 线 材 料 属 性

钢绞线种类	抗拉强度标准值（MPa）	抗拉强度设计值（MPa）	公称直径（mm）	公称截面面积（mm²）	单根破坏荷载（kN）	弹性模量（GPa）	线膨胀系数
高强低松弛无黏结1860MPa级 ϕ^s17.8 单丝涂覆环氧涂层钢绞线	1860	1320	17.8	191	355.3	195	1.2×10^{-5}
高强低松弛无黏结1860MPa级 ϕ^s15.2 单丝涂覆环氧涂层钢绞线	1860	1320	15.2	140	260.4	195	1.2×10^{-5}
高强低松弛无黏结1860MPa级 ϕ^s15.2 镀锌钢绞线	1860	1320	15.2	140	260.4	195	1.2×10^{-5}

2.5　环锚锚具槽

2.5.1　矩形锚具槽

锚具槽的最小长度尺寸需满足环锚向锚固端滑移量和环锚张拉端钢绞线穿过锚具限位板、张拉偏转器、张拉千斤顶并可靠夹持所需钢绞线的长度；锚具槽的最小宽度与高度需保证环锚在槽内顺利安放，同时需在锚块两侧和底部与锚具槽内壁之间预留一定空间回填浇筑混凝土，且锚块顶部与衬砌表面的距离要满足规范要求的混凝土保护层最小厚度。因此，锚具槽的长度与所选用的环锚及配套张拉设备密切相关。锚具槽尺寸的确定以满足预应力张拉施工为前提，不宜加大，以尽量减小内槽口对衬砌受力状态的不利影响。预应力钢绞线张拉时，环锚在锚具槽内安装如图 2.35 所示。

选用 YCWB250B 轻量化千斤顶，其安装空间要求和参数见图 2.36 和表 2.16，钢绞线预留长度最小为 590mm。

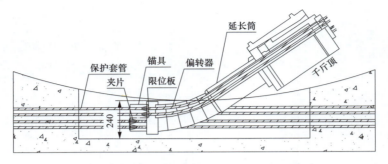

图 2.35　环锚锚固系统张拉施工安装示意图

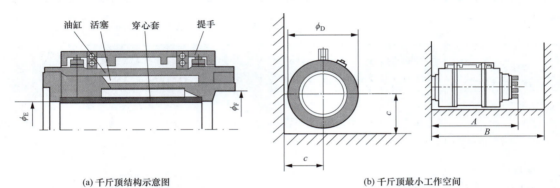

(a) 千斤顶结构示意图　　　　　　　　　　(b) 千斤顶最小工作空间

图 2.36　YCWB 系列安装空间要求

表 2.16　YCWB 系列千斤顶性能参数

项目	公称张拉力 （kN）	公称油压 （MPa）	回程油压 （MPa）	穿心孔径 （mm）	张拉形成 （mm）	钢绞线预留 长 A	最小工作空间 B × C
YCW100B	973	51	<25	ϕ78	200	570	1220 × 150
YCW150B	1492	50	<25	ϕ120	200	570	1250 × 190
YCW200B	1998	53	<25	ϕ120	200	590	1270 × 210
YCW250B	2480	54	<25	ϕ140	200	590	1270 × 220
YCW300B	3004	50	<25	ϕ160	200	620	1320 × 250
YCW350B	3497	54	<25	ϕ175	200	620	1354 × 255
YCW400B	3956	52	<25	ϕ175	200	620	1320 × 265
YCW500B	4924	49	<25	ϕ196	200	620	1484 × 295

　　锚具槽环向展开图和径向剖面图如图 2.37 所示，锚具槽长度 l_c 和宽度 b_c 按式（2.35）～式（2.39）计算[1]。

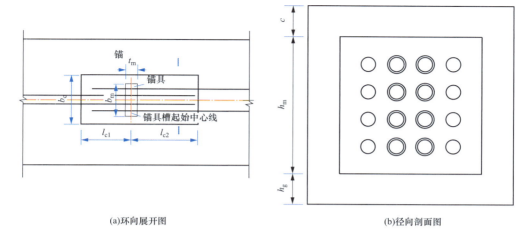

(a)环向展开图   (b)径向剖面图

图 2.37　锚具槽尺寸图

$$l_c = l_{c1} + l_{c2} \tag{2.35}$$

$$l_{c1} = \frac{t_m}{2} + \Delta l_p + 50 \tag{2.36}$$

$$l_{c2} = \frac{t_m}{2} + h_d + l_z + l_d + 10 \tag{2.37}$$

$$b_c = b_m + 25 \tag{2.38}$$

$$d_c = h_m + c + h_g \tag{2.39}$$

式中　　l_c——锚具槽的长度；

$\quad\quad l_{c1}$——环锚锚板厚度中心到锚固端锚具槽内表面的距离；

$\quad\quad l_{c2}$——环锚锚板厚度中心到张拉端锚具槽内表面的距离；

$\quad\quad t_m$——环锚锚板的厚度；

$\quad\quad \Delta l_p$——预应力钢筋在锚固端的张拉伸长量；

$\quad\quad h_d$——张拉预应力钢筋时锚夹片限位板的高度；

$\quad\quad l_z$——张拉预应力钢筋时偏转器的长度；

$\quad\quad l_d$——张拉千斤顶需要夹持的预应力钢筋的长度；

$\quad\quad b_c$——锚具槽的宽度；

$\quad\quad b_m$——环锚锚板的宽度；

$\quad\quad d_c$——锚具槽的高度；

$\quad\quad h_m$——环锚锚板的高度（mm）；

$\quad\quad c$——环锚锚板的混凝土保护层厚度；

$\quad\quad h_g$——环锚锚板到锚具槽底部的垂直高度。

按照上述锚具槽尺寸计算公式可以计算出最小锚具槽的长 × 宽 × 高尺寸为1281.6mm×250mm×230mm。考虑环锚安装位置偏差，锚具槽长度取为1400mm，锚具槽尺寸初步确定为长1400mm、宽250mm、中心深度230mm。锚具槽和预应力钢筋三维示意如图2.38所示。

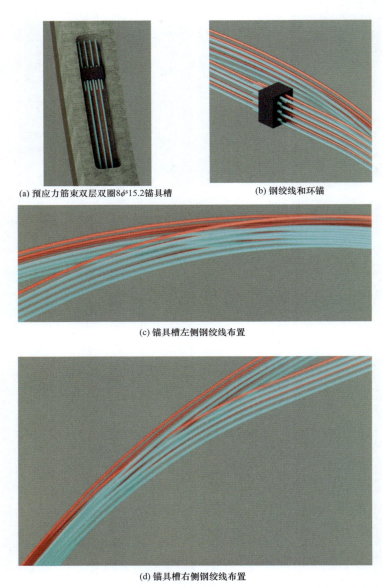

(a) 预应力筋束双层双圈8ϕ^s15.2锚具槽

(b) 钢绞线和环锚

(c) 锚具槽左侧钢绞线布置

(d) 锚具槽右侧钢绞线布置

图2.38　双层双圈8ϕ^s15.2钢绞线和锚具槽三维示意图

2.5.2　变截面锚具槽

1. 变截面锚具槽设计

在满足锚具槽基本尺寸要求的基础上，为达到简化锚具槽施工工艺，加快施工进度且保证施工质量，同时提高锚具槽的槽壁因拉应力集中现象而沿角部开裂的抵抗能力，将对锚具槽的形状和尺寸进行优化设计，并提出了变截面锚具槽设计的基本原则。

（1）满足张拉需求的最小尺寸，以有利于槽口附近局部应力分布。为此，沿环向变宽度，宽面长度以保证张拉千斤顶不接触衬砌混凝土为基本条件，宽度应满足环锚锚具安放需求；窄面长度和宽度以满足张拉端钢绞线安放需求为基本条件；宽面至窄面采用 45°过渡。

（2）回填混凝土与槽口内壁可靠嵌固黏结。槽口侧壁向口内倾斜而形成缩口，以利于对回填膨胀性混凝土形成约束；同时对槽口侧壁进行毛化粗糙处理，以利于增加黏结界面的嵌固能力[25, 26]。

按此原则设置的锚具槽形状如图 2.39 所示，其环向展开图和径向剖面图如图 2.40 所示。

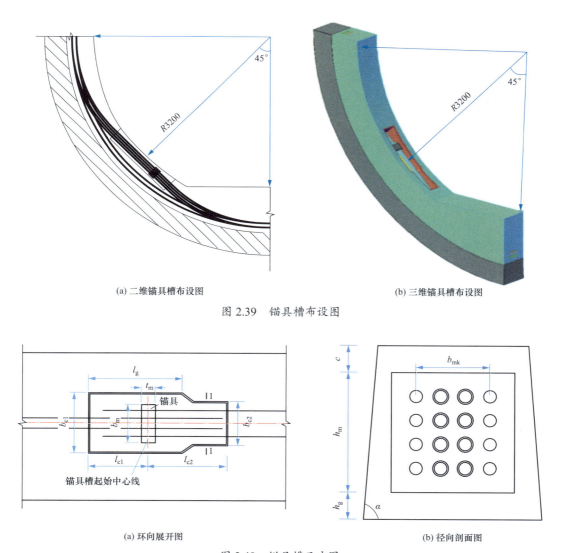

(a) 二维锚具槽布设图　　　　　　　　　　(b) 三维锚具槽布设图

图 2.39　锚具槽布设图

(a) 环向展开图　　　　　　　　　　(b) 径向剖面图

图 2.40　锚具槽尺寸图

缩口形预制装配式变截面免拆模板锚具槽底面空间尺寸的计算公式在锚具槽基本尺寸计算公式的基础上进行改进，改进的公式如下

$$l_c = l_{c1} + l_{c2} \tag{2.40}$$

$$l_{c1} = \frac{t_m}{2} + \Delta l_p + 50 \tag{2.41}$$

$$l_{c2} = \frac{t_m}{2} + h_d + l_z + l_d + 10 \tag{2.42}$$

$$l_g = l_{c1} + \frac{t_m}{2} + h_d + l_{zt} + l_y \tag{2.43}$$

$$b_{c1} = b_m + \frac{2(h_m + h_g)}{\tan \alpha} + 25 \tag{2.44}$$

$$b_{c2} = b_{mk} + 25 \tag{2.45}$$

$$d_c = h_m + c + h_g \tag{2.46}$$

式中　　l_{zt}、l_y——锚具槽侧模板宽面端直线长度、张拉钢绞线时偏转器在锚具槽的投影长度和延长筒在锚具槽的投影长度；

b_{mk}——环锚锚板最外侧两孔间的宽度；

α——为模板侧面与底面的夹角。

因此，在 2.5.1 节确定的基本锚具槽尺寸的基础上，变截面免拆模板锚具槽大宽端面尺寸的长度取 900mm，过渡段直线长度 50mm，小宽端面长度取 450mm。因此锚具槽整体尺寸为，总长 × 宽 × 高为 1400mm×250mm×230mm，如图 2.41 所示。

衬砌节段 1 锚具采用 HM17-8 环锚体系，节段 2、节段 3 采用 HM15-8 环锚体系，环锚尺寸如图 2.42 所示。

2. 数值仿真分析

（1）数值仿真模型。针对珠三角水资源配置工程高水压输水隧洞预应力混凝土衬砌现场原型试验的节段二部分，建立了有限元数值模型。整体建模在柱坐标系下进行，其中 *ORTZ* 满足右手坐标系的要求：规定隧洞纵向垂直向外为坐标轴 *Z* 轴正方向，*R* 和 *T* 分别为隧道径向和切线方向，坐标轴原点位于纵向坐标为 0 的圆心处。预应力钢筋布置与真实结构完全一致，采用精细化建模技术真实模拟结构应力位移变化。将行车道断面作为结构的安全储备不考虑其对结构受力的有利影响，有限元分析忽略该区域。

有限元计算模型包括混凝土底座、盾构管片、钢筋混凝土衬砌、预应力钢绞线、预制装配式变截面免拆模板锚具槽以及回填微膨胀混凝土。混凝土底座、盾构管片、钢筋混凝土衬砌、预制装配式变截面免拆模板锚具槽以及回填微膨胀混凝土均按照六面体 8 节点

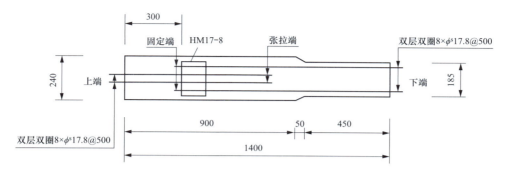

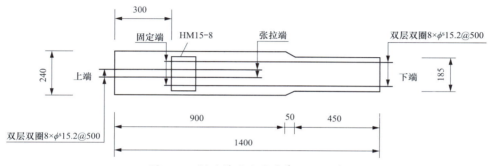

图 2.41　锚具槽平面图（单位：mm）

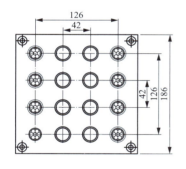
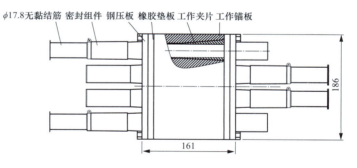

(a) HM17-8

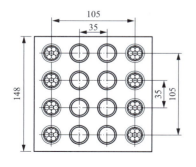
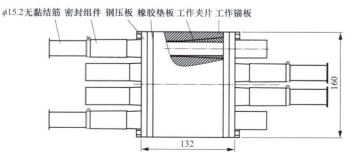

(b) HM15-8

图 2.42　环锚尺寸（单位：mm）

SOLID65 单元进行模拟，预应力钢绞线根据 2 节点 LINK8 单元进行模拟，并根据实际设计尺寸建立有限元模型。根据结构的受力特性划分网格时，对关键部位和截面突变部位进行适当的加密处理，使计算模型与工程实际尽量一致。对预应力钢绞线和钢筋混凝土衬砌分别建模，充分考虑了曲线预应力钢绞线对混凝土的影响，使有限元模型更真实地模拟了预应力钢绞线曲率对钢筋混凝土结构内力分布的影响。

预应力钢绞线的单元节点与钢筋混凝土单元之间，根据约束方程法建立相互作用关系，即通过混凝土单元上的节点与预应力钢绞线上的节点进行自由耦合来实现，与 2.3.4 节中一致。

由于本章节着重研究混凝土衬砌免拆模板锚具槽局部区域应力状态，故对免拆模板锚具槽部位的网格进行了局部加密，以及将盾构管片和边界条件进行了简化处理。对盾构管片建立了一个无缝隙的圆筒状模型，对底座底面的节点进行了全约束。对盾构管片与钢筋混凝土衬砌以及混凝土底座之间分别建立 CONTA173、TARGE170 接触单元。DN6.4m 隧洞预制装配式免拆模板锚具槽有限元单元剖分计算模型、免拆模板锚具槽计算模型、预应力钢绞线计算模型如图 2.43～图 2.45 所示。

图 2.43　锚具槽三维有限元　　图 2.44　免拆模板锚具槽　　图 2.45　预应力钢绞线计算模型
　　　　　　计算模型　　　　　　　　　　计算模型

此模型中只涉及衬砌结构的重力和钢绞线张拉时产生的预应力，不涉及围岩、外水和内水压力等荷载，钢绞线的预应力施加与 2.3.4 节中的降温法一致。

（2）数值仿真结果分析。

1）常规锚具槽仿真结果分析。在分析混凝土衬砌结构应力状态结果中，以"-"代表压应力，以"+"代表拉应力，应力单位为 MPa。为更加清楚地分析锚具槽区域应力状态，规定衬砌底部中垂线所在的位置是 0°，沿着衬砌结构内表面逆时针旋转 90° 至衬砌腰部位置，在此范围内，称作是锚具槽的应力区域。以有限元输出锚具槽区域的环向应力状态，作为分析的理论依据。

预应力钢绞线张拉完成后，衬砌混凝土锚具槽区域环向应力云图、以钢绞线所在面的常规锚具槽区域环向应力云图如图 2.46 和图 2.47 所示。

由图 2.46 可知，衬砌混凝土锚具槽所在的位置受力状态最为复杂，最大环向压应力发生在常规锚具槽下端面角部位置，大小为 14.8MPa；在衬砌混凝土底部中心位置处，出现了大小为 1.29MPa 的环向拉应力，表明了锚具槽的存在，削弱了衬砌混凝土结构。但是整个衬砌混凝土上半环环向应力分布均匀，显然不受锚具槽削弱的影响。衬砌混凝土下半环由于锚具槽的存在，应力分布较为复杂。因此可以看出，锚具槽的削弱具有一定的范围。在锚具槽部位，以微膨胀混凝土和衬砌混凝土黏结界面为界限，分析常规锚具槽附近的应力变化。

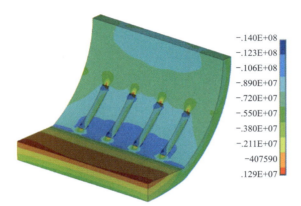

图 2.46　张拉完成衬砌混凝土环向应力云图

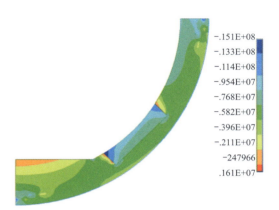

图 2.47　张拉完成锚具槽区域环向应力云图

由图 2.47 可知，常规锚具槽的下端黏结界面以外的衬砌混凝土均处在受压状态，在下端面的上角部位，出现较大的环向压应力，大小为 11.8MPa。随着向底部平直段靠拢，衬砌混凝土内表面环向压应力先增大后减小，在圆弧段与底部平直段的拐角点处，产生 9.54MPa 的环向压应力；最小环向压应力发生在锚具槽上端面上角部位，大小为 0.17MPa。随着向衬砌腰部位置靠拢，环向压应力逐渐增大，同时，随着衬砌厚度由外侧向内侧变化，环向压应力也逐渐增大，故锚具槽应力区域的内表面衬砌混凝土始终处在受压状态。

综上所述，锚具槽下端黏结界面的平均环向压应力约为 8.65MPa，其中下端黏结界面上最大的环向压应力发生在上角部位，为 15.1MPa；上端黏结界面的平均压应力约为 7.26MPa，其中上端黏结界面上最小的环向压应力发生在上角部位，为 0.17MPa。底面黏结界面的平均环向压应力约为 6.75MPa，其中在锚具槽左下角部位，其环向压应力为 6.38MPa，在右下角部位，其环向压应力为 6.61MPa。侧面黏结界面的平均环向应力为 8.61MPa。由此可知，在

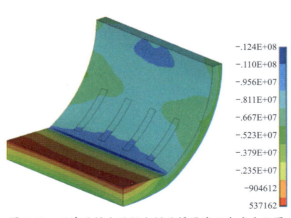

图 2.48　回填后衬砌混凝土锚具槽区域环向应力云图

预应力钢绞线张拉完成后，整个常规锚具槽附近均处在受压状态。

预应力钢绞线张拉完成及微膨胀混凝土回填完毕后，衬砌混凝土锚具槽区域环向应力云图、以钢绞线所在面的常规锚具槽区域环向应力云图如图 2.48 和图 2.49 所示。

因此，由图 2.48 可知，衬砌混凝土锚具槽所在的位置受力状态最为复杂，最大环向压应力发生在圆弧段向底部过渡段区域，大小为 11.6MPa；在衬砌混凝土底部中心位置处，出现了大小为 0.54MPa 的环向拉应力。在锚具槽部位，以微膨胀混凝土和衬砌混凝土黏结界面为界限，分析常规锚具槽附近的应力变化。

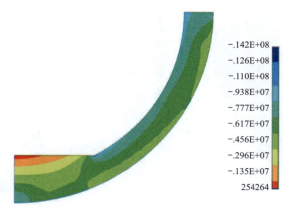

图 2.49　回填后常规锚具槽区域环向应力云图

由图 2.49 可知，常规锚具槽的下端黏结界面以外的衬砌混凝土均处在受压状态。下端面黏结面向底部平直段靠拢，衬砌混凝土内表面环向压应力逐渐增大，在圆弧段与底部平直段的拐角点处，产生 11.6MPa 的环向压应力；上端面黏结面向衬砌腰部位置靠拢，环向压应力逐渐增大，同时，随着衬砌厚度由外侧向内侧变化，环向压应力也逐渐增大，故锚具槽应力区域的内表面衬砌混凝土始终处在受压状态，微膨胀回填混凝土与衬砌混凝土无分离现象。

综上所述，锚具槽下端黏结界面的平均环向压应力约为 7.48MPa，其中下端黏结界面上最大的环向压应力发生在上角部位，为 9.33MPa；上端黏结界面的平均压应力约为 6.86MPa，其中上端黏结界面上最大的环向压应力发生在上角部位，为 7.6MPa。底面黏结界面的平均环向压应力约为 6.23MPa，其中在锚具槽左下角部位，其环向压应力为 5.84MPa，在右下角部位，其环向压应力为 6.10MPa。侧面黏结界面的平均环向应力为 7.77MPa，其中最大的环向压应力出现在锚具槽下端面上角部位，其环向压应力约为 9.33MPa。由此可知，回填完微膨胀混凝土后，整个常规锚具槽附近均处在受压状态。

2）变截面免拆模板锚具槽仿真结果分析。预应力钢绞线张拉完成后，衬砌混凝土锚具槽区域环向应力云图、以钢绞线所在面的变截面免拆模板锚具槽区域环向应力云图和变截面免拆模板锚具槽环向应力云图如图 2.50～图 2.52 所示，应力值符号规则同常规锚具槽一样。

由图 2.50 可知，预制装配式变截面免拆模板锚具槽与常规锚具槽应力区域的环向应力分布也有相同之处。在预制装配式变截面免拆模板锚具槽应力区域中，衬砌混凝土结构最大环向压应力发生在下端面角部位置，大小为 16.2MPa；在衬砌混凝土底部中心位置处，出现了大小为 1.29MPa 的环向拉应力。在锚具槽部位，以免拆模板的内外表面为界限，分析预制装配式变截面免拆模板锚具槽附近的应力变化。

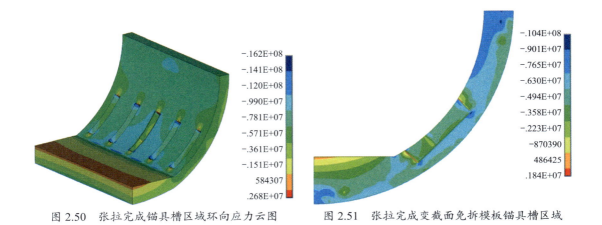

图 2.50　张拉完成锚具槽区域环向应力云图　　　图 2.51　张拉完成变截面免拆模板锚具槽区域
环向应力云图

由图 2.51 可知，在预制装配式变截面免拆模板锚具槽的下端面模板外表面以外的衬砌混凝土，均处在受压状态，随着向底部平直段靠拢，其环向压应力逐渐增大，在圆弧段与底部平直段的拐角点处，环向压应力达到最大值 9.01MPa。在预制装配式变截面免拆模板锚具槽的上端面模板外表面以外的衬砌混凝土处在受压状态，其最小环向压应力出现在衬砌混凝土与上端面免拆模板黏结界面的上角位置处，大小为 0.87MPa。随着向衬砌腰部靠拢，其环向压应力逐渐增大。在预制装配式变截面免拆模板锚具槽的底面免拆模板外表面以外的衬砌混凝土处在受压状态，其压应力随着衬砌厚度的变化，由外侧向内侧逐渐增大。预制装配式免拆模板下端面模板外表面与衬砌混凝土黏结界面的平均环向压应力约为 8.27MPa，内表面与微膨胀混凝土黏结界面的平均环向压应力约为 5.85MPa，上端面免拆模板外表面与衬砌混凝土黏结界面的平均环向压应力约为 5.89MPa，内表面与微膨胀混凝土黏结界面的平均环向压应力为 5.29MPa。底面免拆模板外表面与衬砌混凝土黏结界面受到约为 6.30MPa 的平均环向压应力，内表面与微膨胀混凝土黏结界面受到约为 3.97MPa 的平均环向压应力，使得底面免拆模板有发生起拱的趋势。在底面模板黏结界面的两端靠近角部位置处，出现了较大的环向压应力，在锚具槽左下角部位，其环向压应力为 8.19MPa，在右下角部位，其环向压应力为 8.89MPa。侧面免拆模板外表面与衬砌混凝土黏结界面受到约为 5.62MPa 的平均环向压应力，内表面与微膨胀混凝土黏结界面受到约为 4.26MPa 的平均环向压应力。

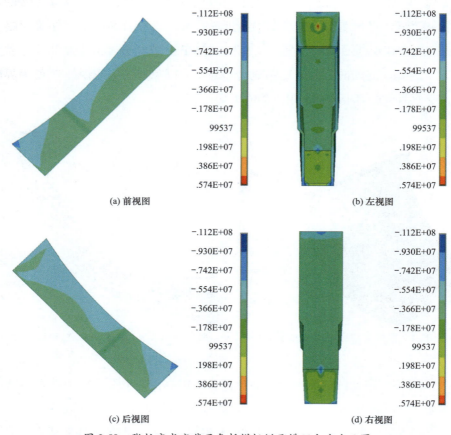

(a) 前视图　　　　　　　　　　　　　　(b) 左视图

(c) 后视图　　　　　　　　　　　　　　(d) 右视图

图 2.52　张拉完成变截面免拆模板锚具槽环向应力云图

由图 2.52 可以看出，图中局部有较大的拉应力，出现在预应力钢绞线进入锚具槽的位置处。其原因是建立有限元模型时，采用节点耦合的方式，使得钢绞线节点拽动附近混凝土节点产生内力，从而使得衬砌混凝土产生预压应力的效果，而此处较大的拉应力是由于锚具槽内部无混凝土节点，使得该位置的钢绞线节点拽动锚具槽端模板中心点附近混凝土节点，造成拉应力集中现象，故需要排除掉该位置的拉应力。

从图 2.52 可知，变截面免拆模板锚具槽下端面上角部位受到较大的压应力，大小约为 11.2MPa。除锚具槽两端面模板受到大约为 1MPa 的拉应力外，其余均受到压应力，对于超高韧性细石混凝土来说，经试验表明，其 28d 的抗拉强度为 4.71MPa，90d 的抗拉强度为 5.68MPa[52]。因此，超高韧性细石混凝土免拆模板不会开裂，变截面免拆模板锚具槽处在安全状态。

预应力钢绞线张拉完成及微膨胀混凝土回填完毕后，衬砌混凝土锚具槽区域环向应力云图、以钢绞线所在面的变截面免拆模板锚具槽区域环向应力云图和变截面免拆模板锚具槽环向应力云图分别如图 2.53、图 2.54、图 2.55 所示，应力值符号规则同常规锚具槽一样。

由图 2.53 可知，预制装配式变截面免拆模板锚具槽与常规锚具槽应力区域的环向应力分布也有相同之处。在预制装配式变截面免拆模板锚具槽应力区域中，衬砌混凝土结构最大环向压应力发生在圆弧段向底部过渡段区域，大小为 12.2MPa；在衬砌混凝土底部中心位置处，出现了大小为 0.25MPa 的环向拉应力。以免拆模板的内外表面为界限，分析预制装配式变截面免拆模板锚具槽附近的应力变化。

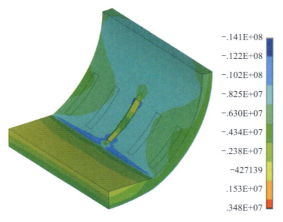

图 2.53　回填后衬砌混凝土锚具槽区域环向应力云图

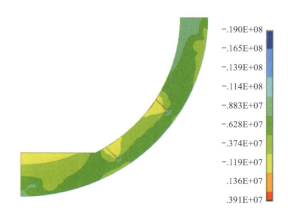

图 2.54　回填后变截面免拆模板锚具槽区域
环向应力云图

由图 2.54 可知，在预制装配式变截面免拆模板锚具槽的下端面模板外表面以外的衬砌混凝土均处在受压状态，其最大的压应力出现在衬砌混凝土与下端面免拆模板黏结界面的下角部位，其最大环向压应力值为 11.4MPa，随着向底部平直段靠拢，其环向压应力逐渐增大，在圆弧段与底部平直段的拐角点处，环向压应力达到最大值。在预制装配式变截面免拆模板锚具槽的上端面模板外表面以外的衬砌混凝土处在受压状态，其最小环向压应力出现在衬砌混凝土与上端面免拆模板黏结界面的上角位置处，大小为 1.1MPa，随着向衬砌腰部靠拢，其环向压应力逐渐增大。预制装配式变截面免拆模板锚具槽的底面免拆模板外表面以外的衬砌混凝土处在受压状态，其压应力随着衬砌厚度的变化，由外侧向内侧逐渐增大。预制装配式免拆模板下端面模板外表面与衬砌混凝土黏结界面的平均环向压应力约为 8.07MPa，内表面与微膨胀混凝土黏结界面的平均环向压应力约为 6.15MPa，上端面免拆模板外表面与衬砌混凝土黏结界面的平均环向压应力约为 6.70MPa，内表面与微膨胀混凝土黏结界面的平均环向压应力为 5.55MPa。底面免拆模板外表面与衬砌混凝土黏结界面受到约为 6.28MPa 的平均环向压应力，内表面与微膨胀混凝土黏结界面受到约为 2.47MPa 的平均环向压应力，使得底面免拆模板有发生起拱的趋势。在锚具槽左下角部位，其环向压应力为 8.33MPa，在右下角部位，其环向压应力为 9.17MPa。侧面免拆模板外表面与衬砌混凝土黏结界面受到约为 6.93MPa 的平均环向压应力，内表面与微膨胀混凝土黏结界面受到约为 5.01MPa 的平均环向压应力。

综上表明，免拆模板可以抵抗部分微膨胀混凝土膨胀时产生的拉应力，从而提高锚具槽槽壁因拉应力集中现象而沿角部开裂的抵抗能力。

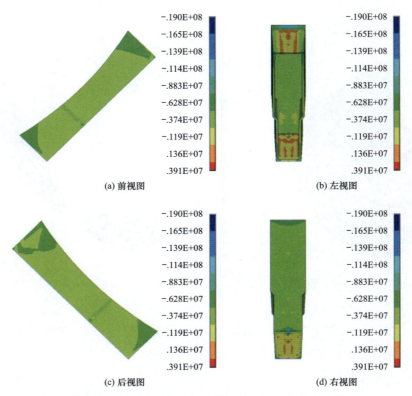

图 2.55　回填后变截面免拆模板锚具槽环向应力云图

由图 2.55 可知，变截面免拆模板锚具槽角部部位受到较大的压应力，大小约为 7.56MPa。除锚具槽两端面模板局部部位受到大约为 1.36MPa 的拉应力外，其余均受到压应力，对于超高韧性细石混凝土来说，经试验表明，其 28d 的抗拉强度为 4.71MPa，90d 的抗拉强度为 5.68MPa[27]。因此，超高韧性细石混凝土免拆模板不会开裂，变截面免拆模板锚具槽处在安全状态。

（3）锚具槽计算结果对比。

表 2.17　衬砌混凝土锚具槽区域应力状态分析表

锚具槽类型	衬砌混凝土（MPa）		锚具槽表面应力（MPa）									
	应力最大值	应力最小值	上端面		下端面		底面		侧面		左下角	右下角
			外	内	外	内	外	内	外	内		
常规锚具槽	−11.8	0.54	−6.86	—	−7.48	—	−6.23	—	−7.77	—	−5.84	−6.10
变截面免拆模板锚具槽	−12.2	0.25	−6.70	−5.55	−8.07	−6.15	−6.28	−2.47	−6.93	−5.01	−8.33	−9.17

注　1. 表中"−"代表压应力，以"+"代表拉应力。

　　2. 表中常规锚具槽的表面应力指的是微膨胀混凝土与衬砌混凝土的黏结界面处的平均环向应力。

由表 2.17 可以看出，预制装配式变截面免拆模板锚具槽不仅增大了衬砌混凝土的最大环向压应力，也增大了在下端面与衬砌混凝土黏结界面的环向压应力。表明免拆模板本身是可以吸收部分微膨胀混凝土膨胀时产生的拉应力，从而增大新旧混凝土黏结面的环向压应力，达到提高锚具槽槽壁因拉应力集中现象而沿角部开裂的抵抗能力。根据底面模板表面的应力值显示，它们内外表面均存在较大差异，有起拱的趋势，而预制装配式变截面免拆模板锚具槽是内大外小倒置漏斗形状，使得免拆模板锚具槽对微膨胀混凝土的约束大大增加，从而限制了膨胀起拱的趋势，提高了回填混凝土与衬砌混凝土结构的黏结锚固性能。

参考文献

［1］赵顺波，李晓克，严振瑞，等．环形高效预应力混凝土技术与工程应用［M］．北京：科学出版社，2008.

［2］李晓克，赵顺波，赵国藩．预应力混凝土压力管道设计方法［J］．工程力学，2004 (6): 124−130+155.

［3］赵顺波，李晓克，赵国藩．预应力施工阶段混凝土压力管道受力性能研究［J］．水力发电学报，2004 (1): 36−41.

［4］李晓克，赵顺波，赵国藩．单环预应力作用下混凝土压力管道受力分析研究［J］．大连理工大学学报，2004 (2): 277−283.

［5］赵顺波，张学朋，李晓克．压力隧洞高效预应力混凝土衬砌的设计与应用［J］．华北水利水电学院学报，2008 (1): 24−27.

［6］李晓克．预应力混凝土压力管道受力性能与计算方法的研究［D］．大连：大连理工大学，2003.

［7］李晓克，赵顺波，赵国藩．钢衬预应力混凝土压力管道设计方法［J］．水利水电技术，2004 (4): 25−29.

［8］李晓克，张晓燕，张学朋，等．预应力混凝土渡槽温度影响及设计研究［J］．长江科学院院报，2012, 29(1): 44−48.

［9］赵顺波，李晓克，胡志远，等．大型倒虹吸预应力混凝土结构模型试验研究［J］．水力发电学报，2006 (1): 40−44.

［10］赵顺波，江瑞俊，李树瑶．小浪底工程排沙洞无黏结预应力混凝土衬砌试验段实测分析［J］．水利水电技术，1999(9): 28−32.

［11］中华人民共和国水利部．SL 279—2016 水工隧洞设计规范［S］．北京：中国水利水电出版社，2016.

［12］诸葛妃，赵顺波．浅埋有压水工隧洞无黏结预应力衬砌应力试验分析［J］．水利水电技术，2010, 41(10): 41−44.

［13］王俊礼，谢小辉，姚楚康，等．高强薄壁预应力内衬混凝土配合比优化及性能研究［J］．四川水利，2023, 44(4): 13−17+81.

［14］张学朋，李晓克，陈亚丁，等．大型预应力排水渡槽结构设计的初步探讨［J］．南水北调与水利科技，2007 (6): 110−113.

［15］李晓克，赵晴天，赵顺波．大型墙梁式渡槽二次预应力施工过程分析研究［J］．水利水运工程学报，2009 (1): 59−65.

［16］李晓克，王慧，李长久，等．大型倒虹吸预应力混凝土结构设计分析［M］．北京：中国水利水电出版社，2017.

［17］孙祥，杨子荣，赵忠英．大伙房水库输水隧洞地应力场特征［J］．岩土工程技术，2005 (5): 264−267.

［18］李国祥，彭浩，张贺，等．钢筋计在钢筋混凝土结构应力监测中的应用［J］．水利水电快报，2020, 41(9): 82−85.

［19］张志川．有限元计算中预应力等效模拟方法研究［J］．人民黄河，2020, 42(S1): 122−125+127.

［20］胡钟，李宇琛，张映玲，等．核电厂安全壳中预应力的数值模拟［J］．核科学与工程，2022, 42(2): 365−371.

［21］何琳，王家林．模拟有效预应力的等效荷载－实体力筋降温法［J］．公路交通科技，2015, 32(11): 75−80.

［22］胡彦高．高水压输水隧洞预应力衬砌测点优化布置研究［D］．郑州：华北水利水电大学，2022.

［23］彭科峰，周书剑，李树忱，等．高水压隧道盾构管片不同拼装方式力学性能分析［J］．人民长江，2023, 54(8): 166−172.

［24］马超，路德春，戚承志，等．基于修正惯用法的埋深对圆形隧道地震反应影响［J］．防灾减灾工程学报，2022, 42(1): 171−179.

［25］Li C. Y., Shang P. R., Li F. L., et al. Shrinkage and mechanical properties of self-compacting SFRC with calcium-sulfoaluminate expansive agent［J］．Materials, 2020, 13(3): 588.

［26］Li C. Y., Yang Y. B., Su J. Z., et al. Experimental research on interfacial bonding strength between vertical cast-in-situ joint and precast concrete walls［J］．Crystals, 2021, 11(5): 494.

［27］徐世烺，蔡向荣．超高韧性纤维增强水泥基复合材料基本力学性能［J］．水利学报，2009, 40(9): 1055−1063.

第 3 章

隧洞预应力混凝土衬砌结构真型制作

本章围绕隧洞预应力混凝土衬砌结构真型制作，系统介绍了真型洞外试验的制作流程与关键环节。内容包括试验场地及衬砌结构基座的布置方法，管片衬砌、普通钢筋及预应力钢筋的制作与安装过程，并基于预应力钢绞线下料长度计算，提出了优化的钢绞线线形控制定位方法，为实际施工提供指导。在混凝土浇筑方面，介绍了配合比设计、锚具槽免拆模板的优化制作、混凝土浇筑成形及槽口回填工艺。测试部分阐述了衬砌结构测试方案、测试元件性能及其布设方法。在预应力钢筋张拉环节，分析了张拉过程、实测摩擦系数与伸长量，并通过分级张拉确定了张拉顺序。试验加载过程创新性地提出了围岩、外水压及高内水压模拟加载装置的设计与实施，为工程应用提供了重要的技术支撑和实践经验。

3.1 场地布置

预应力混凝土衬砌 1：1 地面真型洞外试验场地位于高新沙水库北面水文化科普展示馆内，占地面积约 3000m²；原型试验完成后，模型永久保留并供参观（见图 3.1）。场地采用库盆土方填筑、局部换填石渣，C20 混凝土地面硬化，地基承载力不小于 300kN/m²；以试验场地为轴线，划分出 30m×8m 的钢模台车组装区、10m×8m 的钢筋台车组装场，具体场地平面布置如图 3.2 所示，试验场地布置如图 3.3 所示。

图 3.1　场地位置

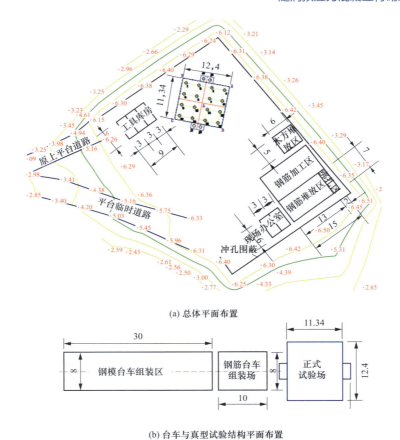

(a) 总体平面布置

(b) 台车与真型试验结构平面布置

图 3.2　试验场地平面布置图（单位：m）

图 3.3　试验场地布置图

3.2 衬砌结构基座

试验场地采用灌注桩和承台基础，钻孔灌注桩设计桩径 800mm、设计桩长不小于 30m，桩端进入强风化岩层不少于 1.6m，设计桩型为端承摩擦桩，混凝土强度等级 C30。承台 1 用于支撑隧洞预应力混凝土衬砌真型试验段，承台 2、承台 3 用于真型试验荷载施加辅助支撑平台（见图 3.4），衬砌结构基座现场布置如图 3.5 所示。

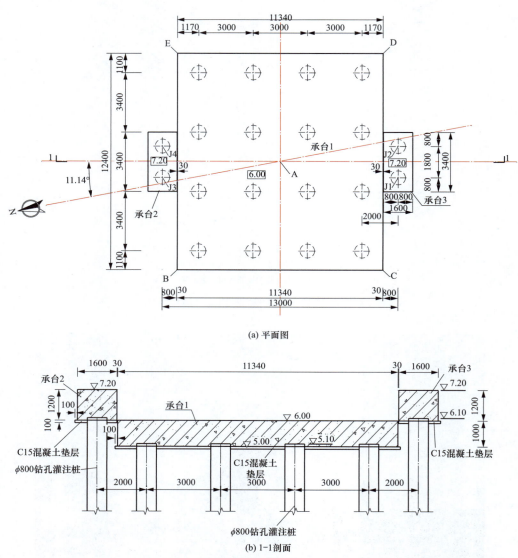

(a) 平面图

(b) 1-1 剖面

图 3.4 场地桩基布置图（单位：mm）

图 3.5　衬砌结构基座现场布置

3.3　管片衬砌

每个衬砌环通常由多块预制的钢筋混凝土管片组成，包括拱底块、标准块、连接块和拱顶块。这些管片通过环向和纵向螺栓连接，形成完整的环形结构[1,2]。在拼装过程中，管片之间的接缝处通常设置密封垫，以确保隧道的防水性能[3]。现场试验管片衬砌拼装如图 3.6 和图 3.7 所示，管片衬砌内置环向和纵向螺栓如图 3.8 所示。

图 3.6　管片衬砌外表面

图 3.7　管片衬砌内表面

图 3.8　管片衬砌内置环向和纵向螺栓

3.4　钢筋的制作与安装

现场试验中，内外层钢筋应按照 2.4.2 节的普通钢筋布置图进行制作和安装，如图 3.9 和图 3.10 所示。钢筋定位需准确，并标识需连接的位置。在安装外层钢筋后，依次安装预应力钢绞线、锚具槽模板，最后安装内层钢筋[4]。

图 3.9　内外层钢筋试验现场安装

图 3.10　内层行车道钢筋安装

3.5　预应力钢筋的制作与安装

3.5.1　预应力钢筋下料长度

钢绞线下料长度最小取值应满足钢绞线张拉工艺的基本要求。下料长度可划分三段分别计算后叠加得到：第一段为衬砌混凝土中曲线钢绞线长度，第二段为从锚块端面起算，经偏转器转角、延长筒调整张拉空间到千斤顶张拉施加荷载所需要的钢绞线长度，第三段为锚具槽部位的直线钢绞线长度[6]。

（1）第一段。

如图 3.11 所示，衬砌混凝土中钢绞线圆弧形下料长度为

$$l_{pq} = \varphi_1 r_{c1} + \varphi_2 r_{c2} + (4\pi - \varphi_3) r_{c3} \tag{3.1}$$

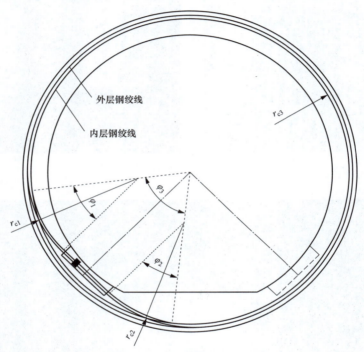

图 3.11　双层双圈钢绞线布置图

式中　l_{pq}——圆弧形钢绞线的长度（mm）；

　　　φ_i——圆弧形钢绞线的转角值，以弧度计；

　　　r_{ci}——圆弧形钢绞线的曲率半径（mm）。

（2）第二段。

如图 3.12 所示，钢绞线变角张拉需要的下料长度为

$$l_{zm} = h_d + l_p + l_y + A + (20 \sim 30) \tag{3.2}$$

式中　L_{zm}——钢绞线张拉端面到千斤顶张拉末端的长度（mm）；

　　　h_d——限位板厚度（mm）；

　　　l_p——钢绞线在偏转器内的偏转弧长（mm）；

l_y——延长筒长度（mm）；

A——千斤顶钢绞线预留长（mm）；

20～30mm——钢绞线夹持预留长度。

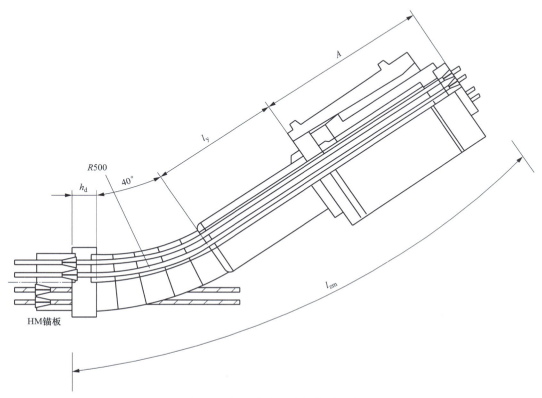

图 3.12　钢绞线变角张拉装置示意

（3）第三段。

如图 3.13 所示，直线段钢绞线需要的下料长度为

$$l_z = l_1 + l_2 + (120 \sim 130)\,\text{mm} = l_c + t_m + (120 \sim 130)\,\text{mm} \tag{3.3}$$

式中　l_z——钢绞线直线段长度（mm）；

l_1——张拉端面到锚固端锚具槽内表面的钢绞线直线段长度（mm）；

l_2——固定端面到张拉端锚具槽内表面的钢绞线直线段长度（mm）；

l_c——锚具槽长度（mm）；

t_m——环锚锚板厚度（mm）。

其中 120～130mm 包括钢绞线夹持预留长度 20～30mm 和锚具槽两侧直线钢绞线外伸长度各 50mm。

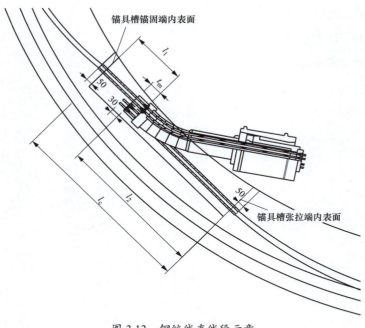

图 3.13　钢绞线直线段示意

由式（3.4）可得钢绞线最小下料长度 L 为

$$L = \max\{l_i\} = \max\{l_{pqi} + l_{zi} + l_{zmi}\} \tag{3.4}$$

式中　　L ——同层钢绞线下料长度最小值（mm）；

　　　　l_i ——同层第 i 根钢绞线下料长度（mm）；

　　　　l_{pqi} ——同层第 i 根圆弧形钢绞线长度（mm）；

　　　　l_{zi} ——同层第 i 根钢绞线直线段长度（mm）；

　　　　l_{zmi} ——同层第 i 根张拉端面到千斤顶张拉末端的长度（mm）；

　　　　i ——同层单根钢绞线的序号。

对于隧洞预应力混凝土衬砌结构真型试验节段 2，选用 YCW250B 千斤顶，$A = 590\text{mm}$，则钢绞线最小下料长度为内层钢绞线 $L_1 = 45.935\text{m}$，外层钢绞线 $L_2 = 46.852\text{m}$。考虑施工误差，预应力衬砌内层钢绞线下料长度可取为 46m、外层钢绞线下料长度可取为 47m。

3.5.2　预应力钢筋找形定位技术

1. 钢绞线定位技术

（1）钢绞线定位安装的方式。

以与锚具槽环锚锚固对应的无黏结预应力钢绞线为单位，其定位安装一般可分为 2 种[7]：第一种是紧密排列式，即钢绞线束按同环紧密排列，钢绞线间不留间隔，如图 3.14（a）所示。由此排列的钢绞线总宽度为钢绞线 PE 套的外径之和。随着钢绞线束的钢绞线根数增加，由钢绞线紧密排列形成的环面宽度也随之增加。钢绞线束如按双层双圈布设，则会增加层间混凝土浇筑的难度，影响混凝土的密实性。因而，衬砌混凝土需具有较好的流动性和良好的体积稳定性，以保证其在双层钢绞线环面之间填充密实。第二种是分离排列式，即钢绞线束各根钢绞线在同环处可按其在环锚上穿设的孔位留有一定间隙，如图 3.14（b）所示。其优点是允许衬砌混凝土较小粒径的骨料和砂浆通过钢绞线间隙填充到双层环面中间，降低了衬砌混凝土浇筑质量控制的难度。不足之处为该定位安装方式将增大定位支架的尺寸，加大了定位精确控制的难度。

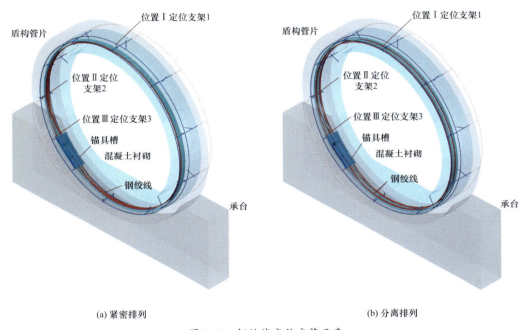

(a) 紧密排列　　　　　　　　　　　　　　　　(b) 分离排列

图 3.14　钢绞线定位安装示意

（2）钢绞线定位支架的类型。

　　根据环形无黏结预应力钢绞线定位安装过程中的受力变形规律，定位支架分为 2 种：第一种是必设定位支架，其分别位于钢绞线环的顶点处、钢绞线进入锚具槽之前的半径转换点处和钢绞线进入锚具槽两端面的位置，这些位置分别设有定位支架 Ⅰ、Ⅱ 和Ⅲ。定位支架 Ⅰ 所在位置是钢绞线自重作用的平衡吊点和首要定位点。定位支架 Ⅱ 决定了钢绞线入槽前的平顺连接，对衬砌混凝土的受力性能具有明显影响。定位支架Ⅲ确定了入槽钢绞线与环锚锚孔的对应穿设关系，采用预制装配式免拆模板成形锚具槽时，钢绞线可通过锚具槽端模板的预留孔定位。第二种是可调整布设定位支架。其位于钢绞线环的其他各点，如图 3.14 所示。各定位支架的布设受钢绞线束刚度和定位精度的影响，需要通过找形分析确定。

根据钢绞线定位安装方式的不同，基于定位支架轻量化且便于准确安装和操作的原则，钢绞线定位支架可设计为4种类型。

1）F形定位支架。其由嵌入式径向拉杆和沿隧道轴向支杆组成，如图3.15所示，适用于每层钢绞线不超过6根的情况。为便于混凝土浇筑并保证钢绞线与混凝土共同工作，钢绞线并排宽度应大于100mm。对于钻爆法隧洞，可采用锚杆方式固定径向拉杆；对于盾构隧洞，可在管片上预埋螺栓孔连接径向拉杆。当支架刚度不足时，可采用辅助定位钢筋进行固定。辅助定位钢筋应与衬砌内配置的非预应力钢筋相互补充。

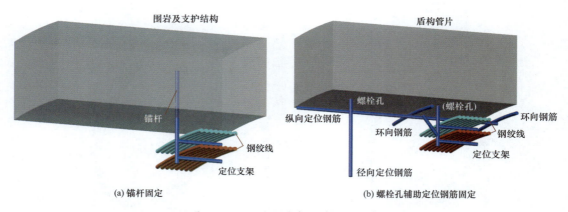

图 3.15　F 形定位支架及其固定示意

2）井形定位支架。该支架由嵌入钻爆围岩或盾构管片的单根或两根径向拉杆和沿隧道轴向的支杆组成，如图3.16所示，适用于每层钢绞线根数为8根及以上的情况。为便于混凝土浇筑并保证钢绞线与混凝土共同工作，可将同层钢绞线分隔为2～3束，并控制钢绞线并排宽度不大于100mm。井形定位支架与上述F形定位支架可用于必设位置和其他可调整布设点处。

3）转折点支架。该支架由双立杆和双横杆组成，如图3.17所示，主要是在钢绞线转折点处起到拉结固定作用，以保证钢绞线从大圆环向小圆环转变并进入槽口段的平顺性。

4）槽口定位支架。该支架由支托锚具槽底模板的定位托架、固定锚具槽侧模板和端模板的定位径向钢筋构成，如图3.18所示。锚具槽模板的准确定位关系到钢绞线入槽线形的平顺度及其与环锚锚孔的接入精度，最终影响钢绞线张拉精度和预应力损失情况。采用预制装配整体式免拆模板成形槽口，为槽口定位支架布设提供了可直接焊接和绑定的条件，从而降低了槽口成形出现偏位、槽壁混凝土不密实等缺陷的概率。当采用其他方式成形槽口且需要拆除施工模板时，需要在槽口定位支架与模板之间考虑布设便于拆除的连接扣。

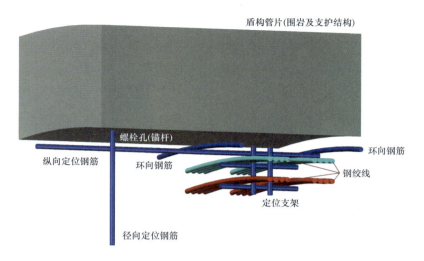

图 3.16　井形定位支架及其固定示意

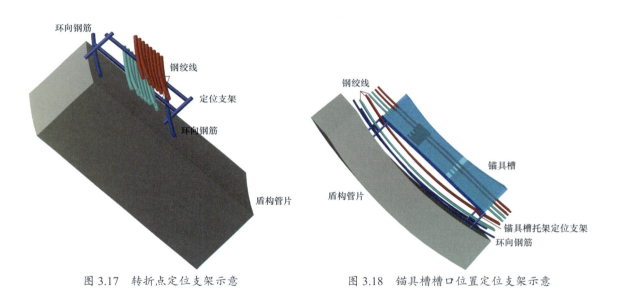

图 3.17　转折点定位支架示意　　　　图 3.18　锚具槽槽口位置定位支架示意

2. 钢绞线布设、找形和优化方法

（1）有限元模型。采用有限元分析软件 ANSYS 建立钢绞线有限元模型如图 3.19 所示。模型构建采用先建立内、外环圆弧形钢绞线，后建立过渡弧段钢绞线的方式。对于钢绞线双圈部分采用双倍钢绞线截面，在弯起过渡弧和单截面处采用单钢绞线截面。钢绞线采用梁单元 Beam189，梁截面为实心圆形截面，钢绞线双倍截面处半径取值为 15.59mm，单截面处半径取值为 7.80mm。钢绞线性能参数为单根直径 15.2mm，公称截面面积 140mm^2，密度 7.85g/cm^3，弹性模量 1.95×105N/mm^2。

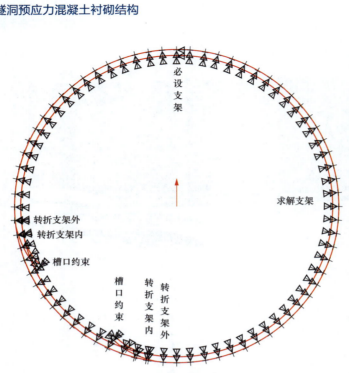

图 3.19　钢绞线计算模型

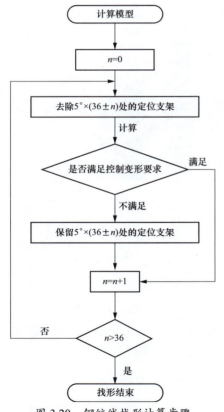

图 3.20　钢绞线找形计算步骤

钢绞线有限元模型以顶点为 0°，逆时针每 5° 为一个研究单元，共划分为 72 个单元。钢绞线穿入锚具槽时，孔对其具有约束作用，钢绞线在锚具槽内为直线线形，在自重作用下线形基本不变，所以不对锚具槽内钢绞线进行找形研究。针对钢绞线，先建立关键研究点，通过关键点连接成线，最后生成钢绞线计算模型，便于后期自动找形 APDL 语言命令运行。

需求解的边界条件为各关键点约束径向位移、钢绞线过渡弧弯起点和过渡弧中间点约束径向位移、锚具槽处钢绞线在锚具槽穿孔处约束径向和环向位移。

模型荷载为自重。输出结果为柱坐标系下径向位移，单位为 m。其计算精度控制在 5mm 内。

（2）有限元模拟找形方法。在上述计算模型条件下，通过开发 APDL 自动找形命令，实现钢绞线的自动找形。自动找形流程如图 3.20 所示。

首先计算钢绞线有限元模型在全约束状态下整体径向变形（取钢绞线径向位移最大值），保证线形平顺、径向变形满足 5mm 的控制要求。随后去除底部支架，如果变形满足控制要求则去除该支架，如果不满足则予以保留。此后向上去除距底部左右 5° 的两支架再次计算，重复以上操作。随后再向上去除底部左右 10° 的两支架，重复以上操作。依此反复，通过程序自动计算，最终得出自动找形合理结果。

（3）找形定位支架的优化。在调试 APDL 语言过程中发现，控制变形随着每次计算的完成发生相应的改变，即定位支架的数量、间距、位置由控制变形的变化规律决定，与钢绞线在自重状态下的理论变形规律有关。结合有限元计算结果分析，此处控制变形的取值采用控制精度误差以内的常数值，即常数逼近。以此调整自动找形定位支架的位置、间距和数量。优化控制变形取值后，临时定位支架分布情况如图 3.21 所示。

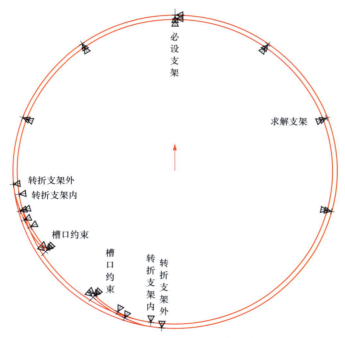

图 3.21　临时定位支架分布示意

上述找形方法确定的临时定位支架满足线形控制精度要求的最少支架数。在工程施工时，为满足结构的稳定性及安全性，定位支架数应进一步优化。通过系列计算分析表明，当隧洞衬砌钢绞线的曲率随隧洞洞径的变化而变化时，曲率在一定范围内的钢绞线可共用同一种定位形式。为解决定位支架分布问题，提出了 3 个支架优化点，进一步优化临时定位支架的分布，最终优化结果如图 3.22 所示。

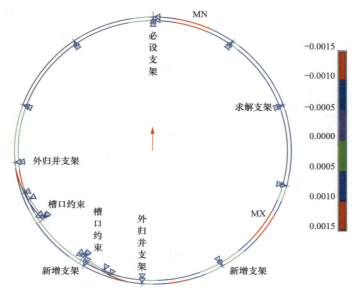

图 3.22　定位支架的最终布置和钢绞线径向变形云图（单位：m）

1）定位支架最大间距。上述找形方法存在的主要问题是部分相邻支架间距过大，这导致钢绞线部分较大区域处于无约束状态。上述方法确定的支架虽满足钢绞线径向变形的控制要求，但不利于钢绞线在后续各项施工工序（同节段衬砌钢绞线定位、内层钢筋成形、衬砌混凝土浇筑等）过程中保证其抗外界因素的干扰能力。为此，对临时定位支架新增最佳间距定位支架，统计新增定位支架与相邻定位支架最大间距的变化规律。结果表明：对于不同曲率的钢绞线，新增定位支架平均控制精度（取最大径向位移绝对值的平均值）总体更小，且两支架最大夹角不应大于 60°，结果见表 3.1。

2）内外层钢绞线弯起点支架的归并。实际工程中内外层钢绞线弯起处定位支架间距较近，一般可选择内起弯点支架或外起弯点支架同时起到内外层钢绞线定位的作用。研究表明，外起弯点定位支架的归并效果总体上优于内起弯点定位支架，且两者与未归并相比精度改善有限。因此，单层双圈钢绞线定位优化的形式可参考双层双圈的形式，结果见表 3.2。

表 3.1　不同洞径下新增定位支架的最大夹角

定位形式	钢绞线曲率外径（m）	临时定位支架平均控制精度（mm）	新增定位支架平均控制精度（mm）	新增定位支架最大夹角（°）
一类	2.00	0.35	0.27	60
	2.50	0.87	0.70	60
	2.75	1.33	1.11	60

定位形式	钢绞线曲率 外径（m）	临时定位支架 平均控制精度（mm）	新增定位支架 平均控制精度（mm）	新增定位支架 最大夹角（°）
二类	2.85	0.82	0.65	45
	3.00	1.00	0.84	45
	3.65	2.19	1.60	45
	4.10	3.46	2.41	45
	4.40	4.59	3.44	45
三类	4.60	2.58	1.88	45
	4.90	3.34	3.03	45
	5.20	4.22	3.06	45
四类	5.50	2.97	2.30	45
	5.90	3.98	3.04	45
	6.40	5.47	4.37	45

表 3.2　不同洞径下弯起点定位支架的归并

定位形式	钢绞线曲率外径（m）	平均控制精度（mm）		
		未归并	内归并	外归并
一类	2.00	0.27	0.32	0.23
	2.50	0.70	0.83	0.56
	2.75	1.11	1.30	0.87
二类	2.85	0.65	0.74	0.52
	3.00	0.84	0.97	0.65
	3.65	1.60	1.79	1.39
	4.10	2.41	2.73	2.24
	4.40	3.44	3.82	2.92
三类	4.60	1.88	1.80	1.95
	4.90	3.03	3.14	2.50
	5.20	3.06	2.93	3.16
四类	5.50	2.30	1.95	2.30
	5.90	3.04	2.63	3.04
	6.40	4.37	4.42	3.51

3）定位支架最小间距。在上述优化完成后，存在的另一个问题是定位支架过于密集。在输水隧洞衬砌中，钢绞线两相邻定位支架间距如果采用规范值，会使定位支架较为密集，所以一般取大于或等于规范值。据此，推导出两定位支架最小夹角公式[8]

$$\alpha = \frac{180°L}{\pi R} \tag{3.5}$$

式中　α——两定位支架最小夹角（°）；

　　　L——两定位支架间距规范值（m）；

　　　R——钢绞线曲率半径（m）。

根据上述定位支架的最小间距，对归并后的模型进行优化。结果表明：在去除相应的定位支架后，最终定位支架优化布置的平均控制精度与归并的平均控制精度总体相差不大，验证了公式（3.5）的有效性。支座布设优化结果见表3.3。

表3.3　定位支架优化结果与控制精度

定位形式	钢绞线曲率外径（m）	归并平均控制精度（mm）	最小夹角间距（°）	优化布置平均控制精度（mm）
一类	2.00	0.23	28.66	0.23
	2.50	0.56	22.93	0.57
	2.75	0.87	20.85	0.86
二类	2.85	0.52	20.11	0.51
	3.00	0.65	19.11	0.64
	3.65	1.39	15.71	1.39
	4.10	2.24	13.98	2.23
	4.40	2.92	12.46	2.91
三类	4.60	1.95	12.20	1.95
	4.90	2.50	11.70	2.51
	5.20	3.16	11.02	3.16
四类	5.50	2.30	10.42	2.48
	5.90	3.03	9.72	3.41
	6.40	3.51	8.96	3.51

综合上述分析，以顶点为0°展开定位点对称布置（按顺时针180°），一类定位形式的定位点分别在0°、40°、85°和145°处，二类定位形式的定位点分别在0°、35°、70°、105°和150°处，三类定位形式的定位点分别在0°、20°、45°、75°、110°和155°处，四

类定位形式的定位点分别在 0°、20°、40°、60°、85°、115° 和 160° 处。

（4）线形定位点的影响因素分析。

1）钢绞线直径的影响。当钢绞线直径不同时可采用同一种定位形式，即线形定位点位置分布相同，但粗钢绞线线形平均控制精度更高，结果见表 3.4。

表 3.4　钢绞线直径对最终控制精度的影响

定位形式	钢绞线曲率半径（m）	临时定位支架平均控制精度（mm）		最终布置平均控制精度（mm）	
		直径 15.2	直径 17.8	直径 15.2	直径 17.8
一类	2.00	0.47	0.35	0.31	0.23
	2.50	1.19	0.87	0.55	0.57
	2.75	1.81	1.33	1.18	0.86
二类	2.85	1.11	0.82	0.70	0.51
	3.00	1.36	1.00	0.87	0.64
	3.65	2.97	2.18	1.90	1.39
	4.10	4.70	3.45	3.05	2.23
	4.40	6.25	4.58	3.97	2.91
三类	4.60	3.50	2.57	2.63	1.95
	4.90	4.54	3.33	3.42	2.51
	5.20	5.74	4.22	4.30	3.16
四类	5.50	4.03	2.97	3.38	2.48
	5.90	5.40	3.97	4.65	3.41
	6.40	5.46	5.46	4.76	3.51

2）锚具槽长度的影响。锚具槽长度对钢绞线的影响主要体现在钢绞线自弯起处至锚具槽间过渡弧的长度上。过渡弧长增加，控制精度有所降低。在过渡弧部位可适当增加辅助定位支架。

3. 真型衬砌的钢绞线布设、找形和定位

根据输水隧洞衬砌预应力钢绞线的定位需求，钢绞线定位安装方式可采用紧密排列式或分离排列式，钢绞线定位支架安装位置可区分为必设位置和可调整布设位置，洞外衬砌结构真型钢绞线定位安装采用紧密排列式。

综合考虑现场施工多重因素，钢绞线定位采用多种定位支架组合方式，定位支架形式如图 3.23 所示，支架定位点布设如图 3.24 所示。

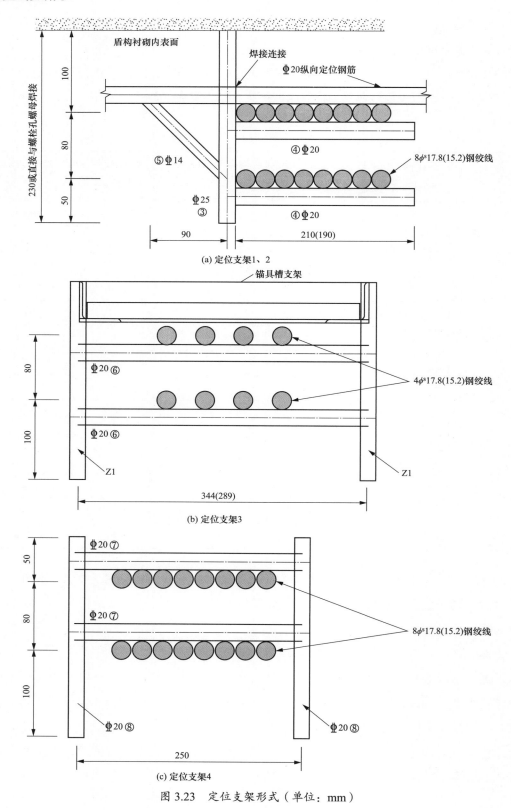

(a) 定位支架1、2

(b) 定位支架3

(c) 定位支架4

图 3.23　定位支架形式（单位：mm）

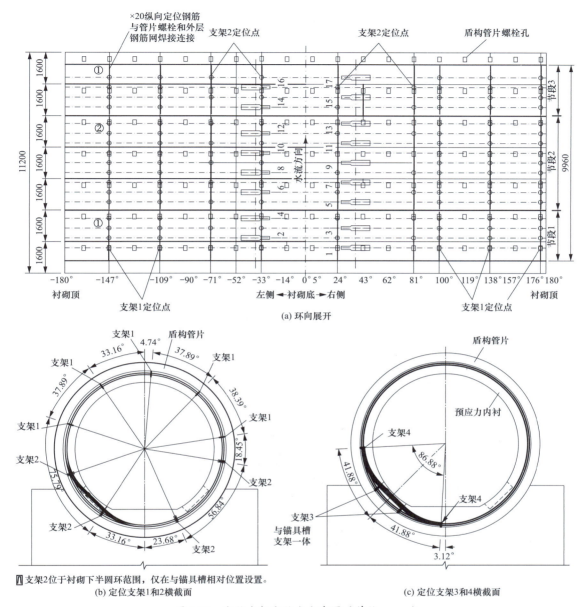

图 3.24　定位支架定位点分布图（单位：mm）

定位支架 1 和支架 2 与纵向定位钢筋焊接，或在螺栓孔螺母范围内时与之焊接连接；支架 2 设置于衬砌下半圆环范围，且仅在锚具槽相对位置的下半圆环设置；支架 3 与锚具槽定位支架两端竖向钢筋 Z1 焊接，形成一体化定位装置；支架 4 支腿与外层钢筋网牢固焊接。

纵向定位钢筋除与外层钢筋网焊接连接外，还应与临近的螺栓孔螺母焊接连接；钢绞线应与定位支架钢筋绑扎牢固；在钢绞线转向锚具槽的曲率变化点处，钢绞线应与相邻的钢绞线牢固绑扎；定位支架安装偏差在径向与环向不应大于 ±5mm。

3.5.3 预应力钢筋现场制作与安装

预应力钢绞线的张拉端和锚固端应以锚具槽模板顶满为准。根据 3.5.1 节计算的下料长度，在现场将钢绞线按此长度裁剪[4,5]。首先，从钢绞线卷筒中拉出所需长度，并将张拉端和锚固端的环氧涂层按设计要求剥离。然后，确定每根钢绞线的相对位置，编制内外层钢绞线编号，并在控制位置处做相应标记（见图 3.25 和图 3.26）。最后，将钢绞线放置在架子车上，运至试验现场进行埋设。

在埋设钢绞线前，首先按照 3.5.2 节的要求安装定位钢筋。然后，依次安装外层和内层钢绞线（见图 3.27 和图 3.28）。

图 3.25　预应力钢绞线编束　　　　　图 3.26　内外层预应力钢绞线

图 3.27　内外层钢绞线定位钢筋　　　　图 3.28　定位安装成形的
　　　　　　　　　　　　　　　　　　　内外层预应力钢绞线

3.6　混凝土浇筑

3.6.1　混凝土原材料与配合比设计

1. 混凝土原材料

水泥采用阳春海螺水泥有限责任公司生产的 P·O 52.5R 水泥（简称阳春海螺），其物理力学化学性能指标检测见表 3.5 和表 3.6[9]；粉煤灰采用广东粤华发电有限公司生产的 F 类Ⅱ级粉煤灰（简称粤华 F 类），检测结果见表 3.7 和表 3.8；粗骨料采用南宁市武鸣区甘圩镇龙响山石场生产的 5～20mm、20～40mm 碎石，检测结果见表 3.9～表 3.11；细骨料采用韶关市始兴县浈江河河砂，检测结果见表 3.12～表 3.14；外加剂采用广东强仕建材科技有限公司生产的 JB-ZSC100 缓凝型聚羧酸高性能减水剂及 JB-SJ1 混凝土引气剂（简称强仕），检测结果见表 3.15[10]。

表 3.5　P·O52.5R 水泥物理力学化学性能指标

生产厂家、品种	密度（g/cm³）	比表面积（m²/kg）	标准稠度（%）	安定性（mm）	烧失量（%）
阳春海螺	3.08	360	20.5	0	2.37
GB 175—2007 标准要求	—	≥300	—	≤5.0	≤5.0

表 3.6　P·O52.5R 水泥化学性能指标

生产厂家、品种	f-CaO 含量（%）	SO₃ 含量（%）	凝结时间		抗折强度（MPa）		抗压强度（MPa）	
			初凝（min）	终凝（min）	3d	28d	3d	28d
阳春海螺	2.63	2.32	103	174	6.2	—	39.3	—
GB 175—2007 标准要求	—	≤3.5	≥45	≤600	≥5.0	≥7.0	≥27.0	≥52.5

表 3.7　粉煤灰品质检测结果

生产厂家品种	密度（g/cm³）	含水量（%）	细度（45μm 筛余）（%）	需水量比（%）
粤华 F 类	2.32	0.4	24.9	97
GB/T 1596—2017 标准要求	≤2.6	≤1.0	≤30.0	≤105

表 3.8　粉煤灰品质检测结果（续）

生产厂家品种	烧失量（%）	SO₃（%）	活性指数（%）	安定性（mm）	f-CaO 含量（%）
粤华 F 类	4.25	0.68	待报	1.5	1.10
GB/T 1596—2017 标准要求	≤8.0	≤3.0	≥70		≤1.0

表 3.9　碎石品质检测结果

厂家	粒级（mm）	饱和面干密度（kg/m³）	表观密度（kg/m³）	饱和面干吸水率（%）	堆积密度（kg/m³）
武鸣区甘圩镇龙响山石场	5～20	2860	2880	0.56	1610
	20～40	2710	2730	0.36	1460
SL 677—2014 标准要求	—	—	≥2550	≤1.5	—

表 3.10 碎石品质检测结果（续）

生产厂家	粒级（mm）	紧密密度（kg/m³）	紧密密度空隙率（%）	含泥量（%）	泥块含量（%）	软弱颗粒含量（%）
武鸣区甘圩镇龙响山石场	5～20	1740	40	0.5	0.0	0
	20～40	1620	41	0.2	0.0	0
SL 677—2014 标准要求	—	—	—	≤1	不允许	≤5

表 3.11 碎石品质检测结果（续）

厂家	粒径（mm）	压碎值指标（%）	坚固性（%）	有机物含量	氯离子含量（%）	超逊径含量（%）		中径筛余率（%）
						超径	逊径	
武鸣区甘圩镇龙响山石场	5～20	2.4	2.4	浅于标准色	0.00	1	2	66
	20～40	10.7	1.3	浅于标准色	0.00	0	2	0
SL 677—2014 标准要求	—	沉积岩≤10；变质岩≤12；岩浆岩≤13	有抗冻要求≤5；无抗冻要求≤12	浅于标准色	—	≤5	≤10	宜40～70

表 3.12 河砂品质检测结果

生产产地及厂家	饱和面干密度（kg/m³）	表观密度（kg/m³）	饱和面干吸水率（%）	堆积密度（kg/m³）	振实密度（kg/m³）
始兴县浈江河	2600	2630	1.1	1480	1740
SL 677—2014 标准要求	—	≥2500	—	—	—

表 3.13 河砂品质检测结果

产地及厂家	振实密度空隙率（%）	含泥量（%）	泥块含量（%）	云母含量（%）	细度模数
始兴县浈江河	34	0.7	0.0	0.1	2.9
SL 677—2014 标准要求	—	有抗冻要求或≥C30的≤3	不允许	≤2.0	宜2.2～3.0

表 3.14 河砂品质检测结果

厂家	氯离子含量（%）	坚固性（%）	轻物质含量（%）	有机质含量（比色法）
始兴县浈江河	0.00	3.8	0.0	浅于标准色
SL 677—2014 标准要求	—	有抗冻和抗侵蚀要求的混凝土≤8；其他≤10	≤1.0	浅于标准色

表 3.15　外加剂品质检测结果

厂家	减水率（%）	含气量（%）	泌水率比（%）	凝结时间差（min）	
				初凝	终凝
强仕减水剂	29	2.0	13	+155	—
GB 8076—2008 标准要求	≥25	≤6.0	≤70	＞+90	—
强仕引气剂	6	4.9	15	+25	+30
GB 8076—2008 标准要求	≥6	≥3.0	≤70	−90～+120	

2. 配合比设计

C50W12 普通混凝土配合比设计、拌和物性能见表 3.16 和表 3.17；C50W12 自密实混凝土配合比设计、拌和物性能见表 3.18 和表 3.19。

表 3.16　C50W12 普通混凝土配合比设计

级配	水胶比	粉煤灰掺量（%）	砂率（%）	减水剂掺量（%）	引气剂掺量（%）	每立方米混凝土各材料用量（kg/m³）							
						水	水泥	粉煤灰	砂	小石	中石	减水剂	引气剂
二	0.35	15	42	1.50	0.10	150	364	64	736	783	318	6.42	0.429

表 3.17　C50W12 普通混凝土拌和物性能

坍落度（mm）	扩散度（mm）	含气量（%）	表观密度（kg/m³）	1h 坍落度损失（mm）	初凝时间 h:min	终凝时间 h:min	抗压强度（MPa）	
							1d	3d
215	505	2.9	2430	0	8:00	9:45	27.2	47.5

表 3.18　C50W12 自密实混凝土配合比设计

	水泥	粉煤灰	砂	水	碎石		减水剂	引气剂
					5～10	10～20		
材料用量（kg/m³）	460	81	764	195	269	628	9.8	0.65
比例	0.85	0.15	1.41	0.36	0.50	1.16	0.018	0.0012

表 3.19　C50W12 自密实混凝土拌和物性能

坍落扩展度	T_{500}	间隙通过性	表观密度（kg/m³）	试件抗压强度（MPa）			
				1d	3d	7d	28d
700mm	1.6s	19mm	2400	30.9	46.5	58.5	68.9

3.6.2 模板

锚具槽模板应按照 2.5.1 节的设计尺寸进行制作和安装。在现场试验中，预应力钢筋束安装完成后，需检查各编号的预应力钢筋在特殊托架上的位置是否准确，确保锚垫板的孔道出口端与钢绞线中心线垂直，端面倾角符合设计要求[4]。确认无误后，即可开始锚具槽模板的安装施工（见图 3.29 和图 3.30）。

图 3.29　矩形等宽锚具槽模板安装　　　　　图 3.30　矩形等宽锚具槽模板封闭

3.6.3 环锚锚具槽成形免拆模板

1. 模板设计

装配式免拆模板采用混凝土分片预制，厚度为 20mm，通过内大外小的榫形卡口相互咬合形成锚具槽。装配成形后的锚具槽是一个上端面宽 240mm、下端面宽 185mm 的缩口型弧形槽体，如图 3.31 所示[11]。

锚具槽装配预制部件包括：

1）沿衬砌环向的侧模板。其为直线形下边、下凹弧线形上边、水平折线形长边的等厚度预制板，其两端和下边设置榫形卡口，如图 3.32（a）所示。

2）沿衬砌环向的底模板。其为变截面等厚度平板，沿四周设置榫形卡口，如图 3.32（b）所示。

3）宽面端模板。其按照张拉端钢绞线位置布设穿线孔，两侧和底边设置榫形卡口，顶边设置水平沿，如图 3.32（c）所示。

4）窄面端模板。其按照固定端钢绞线位置布设穿线孔，两侧和底边设置榫形卡口，顶边设置水平沿，如图 3.32（d）所示。

预制模板连接采取楔口插入连接方式，不需要其他辅助件即可实现可靠连接。待预制模板通过榫形卡口连接完成锚具组装后，采用衬砌构造用钢筋固定其设计位置，待穿入钢绞线后，采用如图 3.33 所示的变截面等厚弧形顶面钢模板嵌入封口。待衬砌混凝土浇筑成

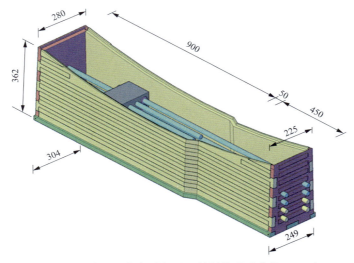

图 3.31　节段 2 免拆模板锚具槽拼装图（单位：mm）

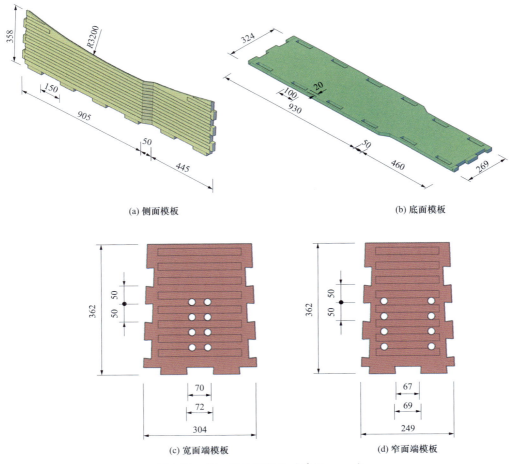

(a) 侧面模板

(b) 底面模板

(c) 宽面端模板

(d) 窄面端模板

图 3.32　槽口模板预制件（单位：mm）

形后，拆除顶面钢模板，即可得锚具槽。待衬砌混凝土达到强度要求，按工序开展后续的钢绞线张拉及锚固施工。

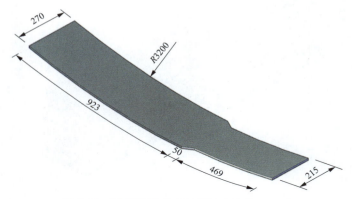

图 3.33 预制弧形顶面钢模板（单位：mm）

2. 模板制作

为了保证免拆模板预制成形质量，使锚具槽具备足够的强度、韧性和抗冲击性能，选取高韧性纤维混凝土用于制作厚度仅为 20m 的锚具槽预制装配式免拆模板[12]。

高韧性纤维混凝土选用天瑞集团郑州水泥有限公司 P.O 42.5 普通硅酸盐水泥（见表 3.20）、巩义市龙泽净水材料有限公司Ⅱ级粉煤灰（见表 3.21）、日本 Kuraray 的 K-Ⅱ型可乐丽 PVA 纤维（见表 3.22 和图 3.34）、细度模数 1.0 的石英砂和江苏苏博特新材料股份有限公司 PCA®-I 系列聚羧酸高性能减水剂。

表 3.20 水泥材料参数

水泥	比表面积（m²/kg）	初凝时间 h:min	终凝时间 h:min	SO_3（%）	MgO（%）	Cl-（%）	烧失量（%）	安定性
P.O 42.5	356	223	273	2.33	4.02	0.03	2.68	合格

表 3.21 粉煤灰参数

级别	细度（%）	需水量比（%）	烧失量（%）	强度活性指数（%）	含水量（%）	密度（g/cm³）	SO_3（%）	CaO（%）	SiO（%）	Al_2O_3（%）	Fe_2O_3（%）
Ⅱ级	20	98	2.34	86	0.52	2.25	2.16	0.26	50.26	31.14	4.16

表 3.22 PVA 纤维性能参数

密度（g/cm³）	直径（dtex）	长度（mm）	抗拉强度（MPa）	伸长率（%）
1.3	14.4	12.1	1469	6.3

高韧性纤维混凝土取用水胶比 0.25、粉煤灰掺量 60%、PVA 纤维体积含量 2%，配合比见表 3.23，其 3d、7d 和 28d 抗折强度、抗压强度测试数据见表 3.24。

锚具槽各部分预制成形模板如图 3.35 所示，底面为 3mm 钢板、边缘为 15mm 厚实木条；为方便拆模，模板小部件选用 15～20mm 厚亚克力板切割。模板组装完成后，在每一个部件上钻孔并穿入螺栓固定，防止浇筑过程中部件移位。为了保证模板内表面与回填混凝土界面、外表面与衬砌混凝土的黏结性能，需要对浇筑成形的锚具槽免拆模板表面进行粗糙化处理。在高韧性纤维混凝土初凝前，采用钢丝刷对模

图 3.34　PVA 纤维

板内表面进行毛化处理，使其形成粗糙面。模板外表面则采用在制作钢模上预留刻槽的方式形成凹形条带，增大锚具槽预制装配式免拆模板与衬砌混凝土的界面嵌固力和有效黏结界面面积。锚具槽各部分成形后（见图 3.36），可以进行锚具槽的拼装。先用底模板进行定位，再安装侧模板，最后再安装两端模板（见图 3.37）。变截面锚具槽免拆模板的现场试验应用如图 3.38 所示。

表 3.23　高韧性纤维混凝土配合比（kg/m³）

水泥	粉煤灰	石英砂	水胶比	PVA 纤维	减水剂
578	694	462	0.25	26	25.06

表 3.24　高韧性纤维混凝土试件抗折强度、抗压强度（MPa）

3d		7d		28d	
抗折强度	抗压强度	抗折强度	抗压强度	抗折强度	抗压强度
16.9	31.1	18.9	38.7	27.4	60.8

受隧洞预应力混凝土衬砌结构洞外真型施工进度约束，仅在节段 2 的两个锚具槽内采用了缩口型预制装配式变截面免拆模板，其余锚具槽仍采用传统的矩形组合模板成形。

图 3.35　锚具槽成形模板

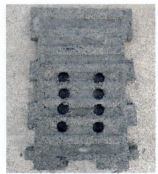 

图 3.36　预制模板成形后外表面效果图

图 3.37   拼装成形的锚具槽免拆模板

图 3.38   试验现场安装的锚具槽免拆模板

3.6.4 浇筑成形

在内衬混凝土的浇筑施工过程中，首先将钢模板台车准确定位于施工现场（见图 3.39）。然后，按照拱底、拱腰和拱顶的顺序，从台车的浇筑窗口依次进行混凝土浇筑（见图 3.40和图 3.41）。在此过程中，采用人工和气动振捣相结合的方法[13]，确保混凝土的密实度和均匀性（见图 3.42）。待混凝土浇筑完成并成形后（见图 3.43），需养护 48h，然后拆除锚具槽模板，对锚具槽进行凿毛处理并清理孔洞，以确保后续施工的质量和结构的整体性[4,5]。

图 3.39   钢模台车试验现场就位

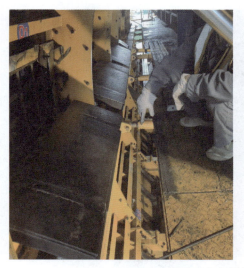

图 3.40 内衬拱腰位置处浇筑

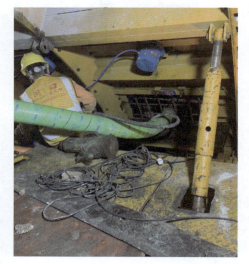

图 3.41 内衬拱顶位置处浇筑

图 3.42 气动式振动器

图 3.43　内衬混凝土浇筑成形

3.6.5　槽口混凝土回填

在拆除锚具槽模板后，需对锚具槽进行混凝土回填，以保护锚具并确保结构的完整性。首先，清理锚具槽内的杂物，确保表面洁净（见图 3.44）。然后，采用无收缩微膨胀混凝土进行回填，膨胀量控制在（1.0～2.0）× 10^{-4}，确保填充密实，避免收缩裂缝的产生。在回填过程中，应充分振捣并抹平，以排除气泡，确保混凝土与周围结构的良好结合[4]。回填完成后，进行 21d 的湿养护并涂刷混凝土黏结剂，以保证新老混凝土结合良好（见图 3.45）。

图 3.44　拆模和锚具槽回填混凝土模板安装

图 3.45　锚具槽回填混凝土浇筑成形

3.7　测试方案及测试元件布设

3.7.1　测试方案

内径 6.4m 隧洞衬砌真型试验段长度为 9.66m（2400mm 节段 +30mm 接缝 +4800mm 节段 +30mm 接缝 +2400mm 节段），进行施工工况、检修工况、不同内水压承载要求正常运行工况下的隧道衬砌的关键性能指标测量，为工程设计和洞内监测方案的优化提供依据。

本次试验的测试内容如下：

1）张拉和充水过程中预应力混凝土衬砌的环向应力；

2）张拉和充水过程中钢筋的环向应力；

3）充水过程中管片的环向应力；

4）张拉和充水过程中预应力混凝土衬砌的径向应力；

5）充水过程中螺栓的径向应力；

6）张拉和充水过程中管片与预应力衬砌的径向脱开量；

7）张拉和充水过程中预应力钢筋的径向应力；

8）张拉和充水过程中预应力混凝土衬砌的纵向应力；

9）张拉和充水过程中钢筋的纵向应力。

3.7.2　测试元件布设

1. 测试断面及位置

本次测试断面和角度如图 3.46 和图 3.47 所示，节段 2 衬砌（4800mm）共布设 3 个测试断面，其中中间位置处布设 1 个断面（3 号断面），两端位置处各布设 1 个断面（2 号和 4 号断面）。节段 1 和节段 3 衬砌（2400mm）各布设 2 个测试断面（1 号和 5 号断面），共计 5 个测试横断面：

1 号断面：位于 2 号和 3 号相邻锚具槽中间横截面。

2 号断面：穿过 5 号锚具槽中心。

3 号断面：穿过 9 号锚具槽中心。

4 号断面：位于 12 号和 13 号相邻锚具槽中间横截面。

5 号断面：位于 14 号和 15 号相邻锚具槽中间横截面。

2. 仪器布置

（1）各测试断面监测仪器布置。节段 1 监测 1 号断面、节段 2 监测 2 号、3 号和 4 号断面以及节段 3 监测 5 号断面的监测仪器布置如图 3.48 所示。

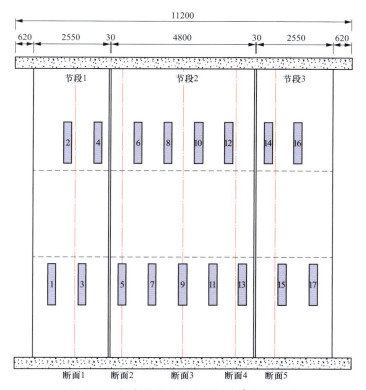

图 3.46　各节段测试断面选取（单位：mm）

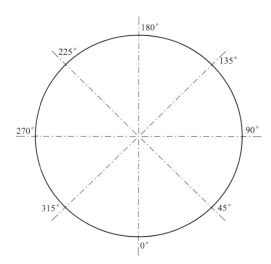

图 3.47　各测试断面角度设置示意

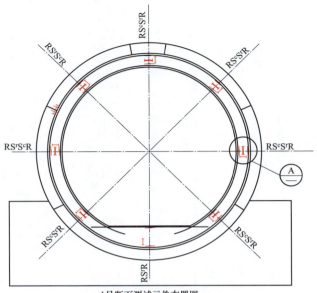

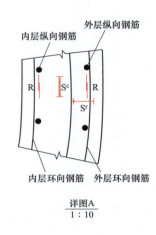

1号断面测试元件布置图

说明：
1. 1号断面距离节段1外边缘1.40m，位于2号和3号相邻锚具槽中间横截面。
2. 在衬砌厚度中心环面上，沿环向45°~315°之间每隔45°埋设环向应变计。
3. 在衬砌内、外侧环向钢筋上，沿环向0°~315°之间每隔45°埋设环向钢筋应力计。
4. 在0°~315°之间每隔45°截面处的锚索内侧埋设径向应变计，径向应变计应布置
   在预应力钢绞线旁10mm处，应变计轴向中心位于钢绞线所在环面。

(a) 断面1

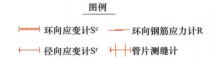

图例

▭ 环向应变计S^c	━ 环向钢筋应力计R
⊢ 径向应变计S^r	┼ 管片测缝计

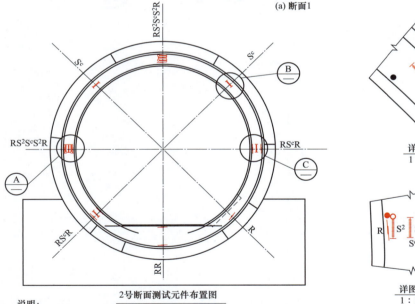

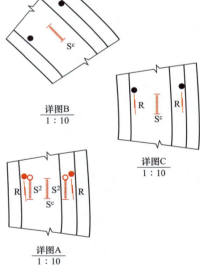

2号断面测试元件布置图

说明：
1. 2号断面距离节段2边缘0.40m，穿越5号锚具槽。
2. 在衬砌厚度中心环面上，沿环向90°、135°、180°、225°、270°和315°埋设环向应变计。
   在衬砌内、外侧，沿环向180°、270°布设纵向应变计。
3. 在衬砌内、外侧环向钢筋上，沿环向0°、90°、180°、270°和315°埋设环向钢筋应力计。
   在衬砌外侧环向钢筋上，沿环向45°埋设环向钢筋应力计。
4. 在03环管片衬砌外表面65°~295°之间布设分布式光纤。
5. 在03环管片衬砌内弧面、钢筋混凝土衬砌内部和内弧面沿全周布设分布式光纤。

(b) 断面2

图例

▭ 环向应变计S^c	
⊶ 纵向应变计S^2	
━ 环向钢筋应力计R	

图 3.48　各测试断面监测仪器布置（一）

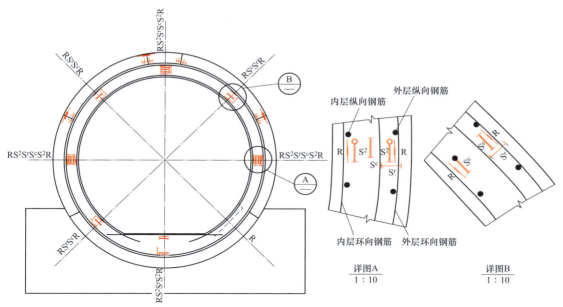

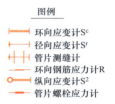

3号断面测试元件布置图

说明：
1. 3号断面距离节段2边缘2.40m，穿越9号锚具槽。
2. 在04环管片衬砌外表面65°~295°之间布设分布式光纤；管片65°~295°之间内弧面接缝位置布置螺栓应力计和接缝计。
3. 在衬砌内、外侧环向钢筋位置，沿环向90°、180°、270°埋设纵向应变计；在衬砌厚度中心环面上，沿环向90°~315°每隔45°埋设环向应变计。
4. 在衬砌内、外侧环向钢筋上，沿环向0°~315°之间每隔45°埋设环向钢筋应力计。
5. 在0°~315°之间每隔45°截面处的锚索内侧埋设径向应变计，径向应变计应布置在预应力钢绞线旁10mm处，应变计轴向中心位于钢铰线所在环面。
6. 在04环管片衬砌内弧面、钢筋混凝土衬砌内部和内弧面沿全周布设分布式光纤。

图例

|〰〰| 环向应变计S^c
|—⊢| 径向应变计S^r
|〰〰| 管片测缝计
|——| 环向钢筋应力计R
|⊙〰| 纵向应变计S^2
|—▬| 管片螺栓应力计

(c) 断面3

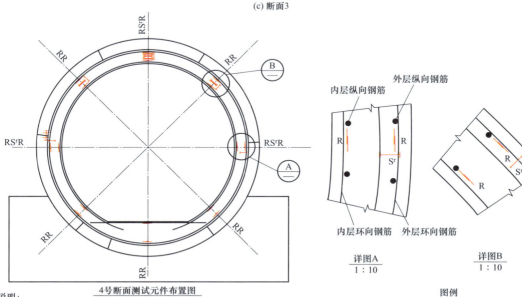

4号断面测试元件布置图

说明：
1. 4号断面距离节段2边缘4.15m，位于12号和13号相邻锚具槽中间横截面。
2. 在衬砌内、外侧环向钢筋上，沿环向0°~315°之间每隔45°埋设环向钢筋应力计。
3. 在90°、180°和270°截面处的内侧埋设径向应变计，径向应变计应布置在预应力钢绞线旁10mm处，应变计轴向中心位于钢绞线所在环面。

图例

|—⊢| 径向应变计S^r
|——| 环向钢筋应力计R

(d) 断面4

图 3.48 各测试断面监测仪器布置（二）

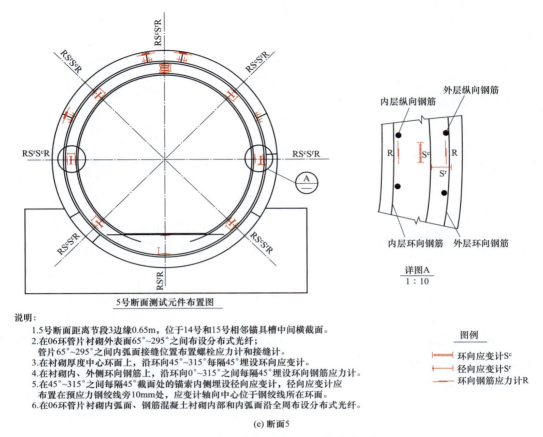

5号断面测试元件布置图

说明：
1. 5号断面距离节段3边缘0.65m，位于14号和15号相邻锚具槽中间横截面。
2. 在06环管片衬砌外表面65°~295°之间布设分布式光纤；
   管片65°~295°之间内弧面接缝位置布置螺栓应力计和接缝计。
3. 在衬砌厚度中心环面上，沿环向45°~315°每隔45°埋设环向应变计。
4. 在衬砌内、外侧环向钢筋上，沿环向0°~315°之间每隔45°埋设环向钢筋应力计。
5. 在45°~315°之间每隔45°截面处的锚索内侧埋设径向应变计，径向应变计应
   布置在预应力钢绞线旁10mm处，应变计轴向中心位于钢绞线所在环面。
6. 在06环管片衬砌内弧面、钢筋混凝土衬砌内部和内弧面沿全周布设分布式光纤。

(e) 断面5

图 3.48　各测试断面监测仪器布置（三）

图例

|⊢⊣ 环向应变计 S^c
⊥ 径向应变计 S^r
— 环向钢筋应力计 R

详图A
1：10

内层纵向钢筋　外层纵向钢筋
R　　S^c　　R
　　　S^r
内层环向钢筋　外层环向钢筋

（2）纵向钢筋计及混凝土计布置。节段 2 预应力混凝土衬砌环向 90° 位置处，距离端部 400mm 处，沿内层按间距 500mm 布置纵向钢筋计，计 9 个钢筋计；在环向 180° 位置处，距离端部 400mm 处，沿内层按间距 1000mm 布置纵向钢筋计，计 5 个钢筋计；在中间断面（3 号）的 90° 和 180° 处布置 2 个纵向混凝土计。

（3）锚索测力计布置。在 9 号和 16 号锚具槽所在位置钢绞线处布置 EM 传感器，用于监测钢绞线实际有效应力和预应力损失（见图 3.49）。节段 2 断面 3 的 9 号锚具槽所在位置处的内外层钢绞线每隔 45° 布置 1 个测试元件，槽口 45° 处的直线段和圆弧段各布置 1 个测试元件，计 10 个测试元件。节段 3 断面 9 的 16 号锚具槽所在位置处仅在内层钢绞线每隔 45° 布置 1 个测试元件，槽口 315° 处的直线段和圆弧段各布置 1 个 EM 传感器，计 5 个测试元件。

（4）测缝计布置。在节段 1 断面 1、节段 2 断面 2 和断面 3 上布置测缝计，用以监测管片与预应力混凝土衬砌之间的脱开量（见图 3.50）。节段 1 断面 1 的 90° 和 180° 处各布置 1 个测缝计，节段 2 断面 2 的 90° 处布置 1 个测缝计，节段 2 断面 3 的 45°、90°、135° 和

180° 各布置 1 个测缝计，共计 7 个测缝计。

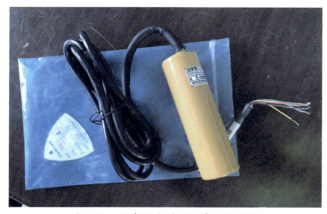
图 3.49　锚索测力计及配套环锚锚板

图 3.50　测缝计

3.7.3　仪器率定及数据采集

1. 仪器率定

全部仪器在埋设前均应进行率定。委托第三方标定张拉偏转器摩擦损失值，建议不宜大于 $9.0\%\sigma_{con}$ 的要求。张拉偏转器摩擦损失率定示意见图 3.51。

2. 数据采集

（1）振弦式仪器。

1）JMZX-215HAT 埋入式应变计。本试验中环向和径向混凝土应变计（JMZX-215HAT）均为埋入式应变计，如图 3.52 所示。

混凝土应变计（JMZX-215HAT）技术参数：灵敏度 $1\mu\varepsilon$；精度 0.1%FS；量程 $\pm1500\mu\varepsilon$；温度范围 $-20\sim80℃$。

图 3.51　张拉偏转器偏转摩擦力测试

图 3.52　JMZX-215HAT 埋入应变计

2）JMZX-4XX 系列埋入式钢筋应力计。本试验中环向和纵向钢筋计（JMZX-4XX）如图 3.53 所示。

钢筋计（JMZX-4XX）技术参数：灵敏度 0.1MPa；精度 0.2%FS；分辨力 0.07%FS；量程 350MPa；温度范围 $-20\sim80℃$，钢筋计主要有 $\phi20$ 和 $\phi14$ 两种类型。

图 3.53　JMZX-4XX 系列钢筋应力计

3）BGK-4400 型埋入式测缝计。本试验中管片和预应力混凝土衬砌间的测缝计均为埋入式（BGK-4400），如图 3.54 所示。

测缝计（BGK-4400）技术参数：量程 50mm；精度 0.5%FS；分辨力 0.025%FS；灵敏度 0.01mm；温度范围 $-20\sim80℃$。

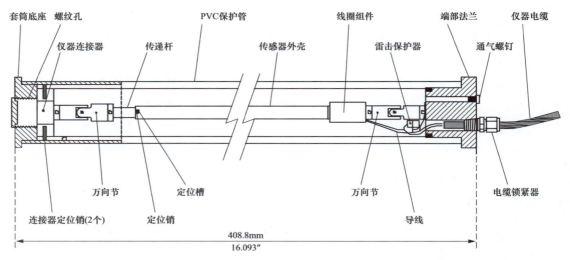

图 3.54　BGK-4400 型内埋测缝计

4）数据采集。上述三种仪器数据采集将各仪器集成连接于数据采集集成模块（见图 3.55），由自动数据采集设备采集，通过物联网平台，实时上传采集数据，通过长期测量可在云平台实时观测数据变化。

（2）光纤类仪器。

1）光纤光栅式。本试验中管片螺栓应力计（南智传感 NZS-FBG-BTM）和管片环向测缝计（基康 BGK-FBG4420）均为光纤光栅式仪器（见图 3.56 和图 3.57）。

螺栓应力计（NZS-FBG-BTM）

图 3.55　采集模块

技术参数：量程 −1500～4000με；光栅数量 2；分辨力 0.1%FS；反射率 ≥90%；过载能力 50%。

管片环向测缝计（BGK-FBG4420）技术参数：量程 50mm；分辨力 0.025%FS；耐水压 ≥2MPa；温度范围 −20～80℃。

图 3.56　光纤光栅式螺栓应力计

图 3.57　光纤光栅式测缝计

2）光纤分布式。本次试验中管片内弧面铺设的定点式应变感测光缆（南智传感 NZS-DSS-C08）和钢筋混凝土衬砌沿内部钢筋铺设的金属基索状应变感测光缆（南智传感 NZS-DSS-C02）为基于该技术的应变感测光缆（见图 3.58）。

定点式应变感测光缆（NZS-DSS-C08）技术参数：光纤类型 SMG.652b；纤芯数量 1；直径 5mm；定点点距 50mm。

金属基索状应变感测光缆（NZS-DSS-C02）技术参数：光纤类型单模；光缆类型金属基；纤芯数量 1；光缆直径 5mm。

3）数据采集。光纤光缆式：采用南智传感的 NZS-FBG-A03 便携式光纤光栅解调仪（见图 3.59）对光纤光栅式仪器的监测

图 3.58　分布式光纤

数据进行解调和采集。该仪器可进行双通道独立测量，并可串联多个传感器。本试验的每个监测断面的螺栓应力计和测缝计均可进行串联处理，只需进行一次操作便可采集到一个监测断面的串联设备数据，极大地减少了采集数据所需的操作次数和时间。

便携式光纤光栅解调仪（NZS-FBG-A03）技术参数：通道数 2；波长范围 40nm；解调速率 1Hz；动态范围 45dB；光学接口类型 FC/APC。

光纤分布式：采用双端高精分布式光纤应变解调仪（南智传感 NZS-DSS-AD01，见图 3.60），结合监测软件 fTView 方便的系统设置、监测、显示及测量管理，可对光纤仪器进行快速的数据解调及采集。

双端高精分布式光纤应变解调仪（NZS-DSS-AD01）技术参数：最大动态范围大于20dB；空间分辨率（定位精度）20cm；最高采样分辨率0.05m；应变测试精度 ±2με，测试量程50km；光学接口类型FC/APC。

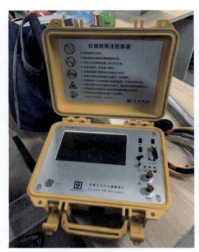

图 3.59　便携式光纤光栅解调仪　　　图 3.60　双端高精分布式光纤应变解调仪

3.8　预应力钢筋张拉施工

3.8.1　自动张拉设备

1. 张拉前准备

1）设备准备：在正式张拉作业前，将油泵和千斤顶进行标定，并绘制油泵压力读数和千斤顶张拉力对应关系曲线[4,5]。

2）预应力钢筋清理：使用小千斤顶，一端张拉单根钢绞线至锚具槽给定位置，并保证张拉端环氧涂层剥离至锚具槽上端顶部。

3）锚具安装：将环锚体系安装至锚具槽给定位置（见图3.61）。

4）张拉设备安装：按次序安装限位板、偏转器等，将张拉设备安装到位（见图3.62）。

2. 张拉施工与测量

1）混凝土浇筑28d后进行张拉。

2）张拉前确保各部件的安装正确和测试元件数据采集正常。

3）钢绞线按照3.8.3节的分级张拉顺序进行张拉。

4）张拉控制荷载以应力控制为主，伸长量校核为辅。

5）任何两个相邻锚具槽所受拉力差值不得大于50%，锁定后锚具槽位置与设计所在环形断面中心偏离不大于6mm。

6）满足无黏结和缓黏结钢绞线张拉的一般规定。

7）钢绞线实测伸长量必须在计算值的 95%～110% 范围内，如不满足应立即停机查找原因。在张拉过程中要经常检查混凝土衬砌有无异常变化，并根据操作规范和实际张拉情况做好张拉记录。

8）埋在混凝土中和粘贴在混凝土表面上的测试元件，在每束预应力钢筋张拉的每个步骤锁定后，进行测试元件数据的自动化采集（见图 3.63）。

9）张拉完成后，将锚具槽内的预应力钢筋多余部分进行切除。将锚具和预应力钢筋表面擦拭干净，并进行封闭式防腐保护（见图 3.64）。

图 3.61　环锚安装

图 3.62　自动张拉设备安装

图 3.63　数据采集仪器

图 3.64　锚具和钢绞线保护

3.8.2　预应力钢筋摩擦系数与张拉伸长量

1. 预应力摩擦系数测试流程

通过在锚束一端张拉、另一端测力的方法计算无黏结筋的摩擦系数，设备安装如图 3.65 和图 3.66 所示。为确定无黏结钢绞线孔道每米长度局部偏差的摩擦系数 κ，选取距两端不小于 0.5m 的 3 个适宜横断面，分别埋设 ϕ^s17.8 单丝涂覆环氧涂层钢绞线、ϕ^s15.2 单丝涂覆环氧涂层钢绞线和 ϕ^s15.2 镀锌钢绞线各一根，并进行右侧锚固和左侧张拉的测试[4,5]；同时按照测定的镀锌钢绞线和环氧涂层钢绞线曲线筋两端荷载，可选择 3、9、14 号和 16 号锚具槽的钢绞线进行张拉测试。

据此可得无黏结 ϕ^s17.8 单丝涂覆环氧涂层钢绞线、ϕ^s15.2 单丝涂覆环氧涂层钢绞线和 ϕ^s15.2 镀锌钢绞线的摩擦系数 μ 和 κ。

图 3.65　钢绞线直线段摩擦系数张拉测试　　图 3.66　钢绞线环向摩擦系数测试

2. 摩擦系数 κ 测试

选取节段 1、2、3 的中心线底座部位的预留直线段钢绞线和两端内水压装置承重台预留直线段钢绞线作为检测对象，实际测结果见表 3.25。第一级荷载偏小，不计算 κ 值。第二级和第三级测试结果用于确定 κ 测试值；对于缓黏结钢绞线，由于第二次张拉出现了锚固端大于张拉端的现象，为无效数据，仍保留第一级荷载计算 κ。

表 3.25　摩擦系数 κ 测试

1　ϕ^s17.8 环氧无黏结钢绞线摩擦 κ 值测量结果				
第一次测量				
分级	张拉端拉力（kN）	锚固端拉力（kN）	κ 测试	κ 建议
第一级	39.8	37.8	0.0051	
第二级	132.3	127.6	0.0035	
第三级	201.34	196.45	0.0024	
第二次测量				0.0020
分级	张拉端拉力（kN）	锚固端拉力（kN）	κ 测试	
第一级	38.5	38.1	0.0010	
第二级	128.5	127.15	0.0010	
第三级	194.4	192.4	0.0010	

2　ϕ^s15.2 环氧无黏结钢绞线摩擦 κ 值测量结果

第一次测量				
分级	张拉端拉力（kN）	锚固端拉力（kN）	$\kappa_{测试}$	$\kappa_{建议}$
第一级	31.95	29.04	0.0094	
第二级	97.93	90.52	0.0077	
第三级	144.05	134.61	0.0066	
第二次测量				0.0061
分级	张拉端拉力（kN）	锚固端拉力（kN）	$\kappa_{测试}$	
第一级	27.15	22.6	0.0180	
第二级	93.35	87.42	0.0064	
第三级	142.89	137.83	0.0035	

3　ϕ^s15.2 镀锌无黏结钢绞线摩擦 κ 值测量结果

第一次测量				
分级	张拉端拉力（kN）	锚固端拉力（kN）	$\kappa_{测试}$	$\kappa_{建议}$
第一级	30.123	29.075	0.0035	
第二级	95.701	93.523	0.0023	
第三级	144.517	142.118	0.0016	
第二次测量				0.0016
分级	张拉端拉力（kN）	锚固端拉力（kN）	$\kappa_{测试}$	
第一级	28.498	28.423	0.0003	
第二级	95.353	94.43	0.0010	
第三级	145.201	143.16	0.0014	

3　ϕ^s15.2 缓黏结钢绞线摩擦 κ 值测量结果

第一次测量				
分级	张拉端拉力（kN）	锚固端拉力（kN）	$\kappa_{测试}$	$\kappa_{建议}$
第一级	29.156	28.863	0.0034	
第二级	188.067	187.751	0.0006	
第二次测量				0.0029
分级	张拉端拉力（kN）	锚固端拉力（kN）	$\kappa_{测试}$	
第一级	30.452	30.032	0.0046	
第二级	196.727	197.084	-0.0006（无效）	

3. 无黏结预应力钢筋束摩擦系数 μ 值

选取节段 1、2 和 3 的锚具槽 3、9、14 和 16 号的钢绞线作为检测对象，分别张拉锚具槽内 1 根无黏结预应力钢绞线，从 15% 工作荷载到千斤顶伸出至最大伸出量，实际测试结果见表 3.26。第一级荷载偏小，仅采用第二级和第三级测试结果用于确定 μ 测试值。

表 3.26　摩 擦 系 数 μ 测 试

1　ϕ^s17.8 环氧无黏结钢绞线摩阻 μ 值测量结果					
第一次测量					
分级	摩阻系数 κ 值	张拉端拉力（kN）	锚固端拉力（kN）	μ 测试	μ 建议
第一级	0.0020	37.586	28.254	0.0159	
第二级	0.0020	76.827	56.528	0.0176	
第三级	0.0020	132.467	92.494	0.0217	
第二次测量					0.0232
分级	摩阻系数 κ 值	张拉端拉力（kN）	锚固端拉力（kN）	μ 测试	
第一级	0.0020	39.965	26.95	0.0245	
第二级	0.0020	79.252	53.12	0.0250	
第三级	0.0020	132.66	85.277	0.0283	
2　ϕ^s15.2 环氧无黏结钢绞线摩阻 μ 值测量结果					
第一次测量					
分级	摩阻系数 κ 值	张拉端拉力（kN）	锚固端拉力（kN）	μ 测试	μ 建议
第一级	0.0061	25.889	8.608	0.0667	
第二级	0.0061	90.416	49.251	0.0274	
第三级	0.0061	112.027	67.451	0.0195	
第二次测量					0.0214
分级	摩阻系数 κ 值	张拉端拉力（kN）	锚固端拉力（kN）	μ 测试	
第一级	0.0061	27.533	10.597	0.0551	
第二级	0.0061	87.344	51.079	0.0218	
第三级	0.0061	107.241	66.661	0.0169	

3 $\phi^s 15.2$ 镀锌无黏结钢绞线摩阻 μ 值测量结果

第一次测量

分级	摩阻系数 κ 值	张拉端拉力（kN）	锚固端拉力（kN）	$\mu_{测试}$	$\mu_{建议}$
第一级	0.0016	27.661	14.578	0.0456	
第二级	0.0016	82.358	58.467	0.0219	
第三级	0.0016	104.719	69.577	0.0272	

第二次测量

分级	摩阻系数 κ 值	张拉端拉力（kN）	锚固端拉力（kN）	$\mu_{测试}$	0.0268
第一级	0.0016	28.187	13.864	0.0511	
第二级	0.0016	78.625	51.483	0.0283	
第三级	0.0016	100.48	64.742	0.0296	

3 $\phi^s 15.2$ 缓黏结钢绞线摩阻 μ 值测量结果

第一次测量

分级	摩阻系数 κ 值	张拉端拉力（kN）	锚固端拉力（kN）	$\mu_{测试}$	$\mu_{建议}$
第一级	0.0029	23.407	1.955	0.1878	
第二级	0.0029	89.236	31.230	0.0737	
第三级	0.0029	94.575	44.021	0.0510	

第二次测量

分级	摩阻系数 κ 值	张拉端拉力（kN）	锚固端拉力（kN）	$\mu_{测试}$	0.0614
第一级	0.0029	20.271	3.154	0.1382	
第二级	0.0029	83.114	30.352	0.0704	
第三级	0.0029	99.08	46.567	0.0503	

4. 无黏结钢绞线伸长量计算

（1）理论伸长值。直线 + 圆弧形曲线预应力钢绞线张拉伸长值 Δl_p^c，可按下列公式计算[4]

$$\Delta l_p^c = \Delta l_{pz}^c + \Delta l_{pq}^c = \frac{F_p}{A_p E_p} \left[l_1 + \frac{1 - e^{-(\mu + \kappa r_c)\varphi_1}}{(\mu + \kappa r_c)\varphi_1} l_{pq} \right] \tag{3.6}$$

式中　Δl_{pz}^c——预应力钢绞线直线段张拉伸长值（mm）；

Δl_{pq}^c——预应力钢绞线圆弧形曲线段张拉伸长值（mm）；

F_p——预应力钢绞线张拉端的拉力（N）；

A_p——预应力钢绞线的断面面积（mm²）；

E_p——预应力钢绞线的弹性模量（N/mm²）；

l_1——预应力钢绞线直线段长度（mm）；

l_{pq}——圆弧形曲线预应力钢绞线的长度（mm），且有 $l_{pq} = \varphi_1 r_c$；

r_c——圆弧形曲线预应力钢绞线的曲率半径（m）；

φ_1——圆弧形曲线的转角值，以弧度计。

据此，取用节段实测摩擦系数计算的预应力钢绞线理论伸长值见表 3.27。

表 3.27　钢绞线张拉理论伸长值（mm）

节段	类型	κ	μ	50%σ_{con}	75%σ_{con}	100%σ_{con}	103%σ_{con}
1	ϕ^s17.8 环氧无黏结钢绞线	0.0020	0.0232	134.9	202.4	269.8	277.9
2	ϕ^s15.2 环氧无黏结钢绞线	0.0061	0.0214	132.3	198.5	264.7	272.6
3	ϕ^s15.2 镀锌无黏结钢绞线	0.0016	0.0268	136.3	204.5	272.6	280.8
	ϕ^s15.2 缓黏结钢绞线	0.0029	0.0614	121.5	182.2	243.0	250.3

（2）实测伸长值。节段 1、2 和 3 实测伸长值，见表 3.28，其中节段 2 中 13 号锚具槽的实测伸长量达到最大值，超过了理论设计值，即 299.1mm。是因为该锚具槽是在钢绞线张拉至 100%σ_{con} 时，锚具槽混凝土局部开裂，使得钢绞线总伸长值偏大。

（3）张拉伸长值校核。当采用应力控制张拉时，应校核预应力钢绞线的伸长值。

考虑预应力钢绞线的弹性模量理论值与实测值存在差异，实际伸长值与设计伸长值相对偏差超过 ±6% 时，应暂停张拉，查明原因并采取措施予以调整后，方可继续张拉。

预应力钢绞线的实际伸长值，宜在施加初应力时开始测量，分级记录。其伸长值可由测量结果按下列公式确定

$$\Delta l_p^0 = \Delta l_{p1}^0 + \Delta l_{p2}^0 - \Delta l_c \qquad (3.7)$$

式中　Δl_{p1}^0——初应力至最大张拉力之间的实测伸长值（mm）；

Δl_{p2}^0——初应力以下的推算伸长值（mm）。可根据弹性范围内张拉力与伸长值成正比的关系推算确定；

Δl_c——固定端锚具楔紧引起的预应力钢绞线内缩量（mm），当其值微小时，忽略不计。

试验段钢绞线伸长值校核，见表 3.28。可以看出，节段 2，13 号锚具槽周围由于张拉值 100%σ_{con} 时混凝土发生崩裂，实测伸长值超过设计伸长值，其相对偏差为 7.93%，其余钢绞线实际伸长值与设计伸长值相对偏差均不超过 ±6%，满足施工要求。

表 3.28　节段 1 的钢绞线张拉实测伸长值（mm）

锚具槽编号	1	2	3	4	5	6	7	8	9
张拉序号	4, 8	1, 5	3, 7	2, 6	5, 14	6	1, 13	7	2, 12
前 50% σ_{con} 实测伸长值（mm）	154.6	161.4	158	158.4	139	—	148.8	—	147.4
50%~103% σ_{con} 实测伸长值（mm）	57.5	54.7	52.4	64.2	140.4	—	138.2	—	136.6
钢绞线总伸长值（mm）	212.3	216.1	210.4	222.6	279.4	285.3	287	284.6	284

锚具槽编号	10	11	12	13	14	15	16	17
张拉序号	8	3, 11	9	4, 10	2, 6	3, 7	1, 5	4, 8
前 50% σ_{con} 实测伸长值（mm）	—	139.8	—	162	132.2	130.6	144.6	143
50%~103% σ_{con} 实测伸长值（mm）	—	139.2	—	137.1	134.1	135.7	141.5	142.6
钢绞线总伸长值（mm）	294	279	287.6	299.1	266.3	266.3	286.1	285.6

注：1. 1~4 号锚具槽是节段 1，5~13 号锚具槽是节段 2，14~17 号锚具槽是节段 3。

2. 1~4 号锚具槽最终张拉到了 75% σ_{con} 即停止张拉。

3. 10 号锚具槽是由于张拉期间，施工人员因有事离场，导致持荷时间较长，使得钢绞线总伸长值偏大。

4. 13 号锚具槽是在钢绞线张拉至 100% σ_{con} 时，混凝土发生崩裂，使得钢绞线总伸长值偏大。

3.8.3　分级张拉与控制

根据 2.1.3 节可知，当最大轴向拉应力不满足设计要求时，应采用分阶段张拉的施工措置[5,14]。各节段钢绞线张拉示意图如图 3.67 所示，节段 1 和节段 3 采用四大步张拉，包括 8 个张拉步骤，节段 2 采用三大步张拉，包括 14 个张拉步骤。

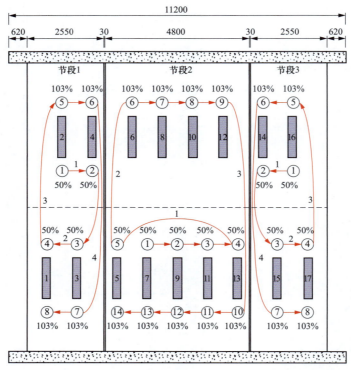

图 3.67　各节段预应力钢绞线分级张拉顺序（单位：mm）

节段 1 第一大步张拉是对偶数侧（2—4）锚具槽钢绞线进行张拉，张拉量从控制应力的 0% 增加到 50%；第二大步张拉是对奇数侧（1—3）锚具槽钢绞线进行张拉，张拉量从控制应力的 0% 增加到 50%；第三步张拉是对偶数侧（2—4）锚具槽钢绞线进行张拉，张拉量从控制应力的 50% 增加到 103%；最后一大步张拉是对奇数侧（1—3）锚具槽钢绞线进行张拉，张拉量从控制应力的 50% 增加到 103%。

节段 2 第一大步张拉是对奇数侧（7—9—11—13—5）号锚具槽钢绞线进行张拉，张拉量从控制应力的 0% 增加到 50%；第二大步张拉是对偶数侧（6—8—10—12）锚具槽钢绞线进行张拉，张拉量从控制应力的 0% 增加到 103%；第三大步张拉是奇数侧（13—11—9—7—5）号锚具槽钢绞线进行张拉，张拉量从控制应力的 50% 增加到 103%。

节段 3 第一大步张拉是对偶数侧（14—16）锚具槽钢绞线进行张拉，张拉量从控制应力的 0% 增加到 50%；第二大步张拉是对奇数侧（15—17）锚具槽钢绞线进行张拉，张拉量从控制应力的 0% 增加到 50%；第三步张拉是对偶数侧（14—16）锚具槽钢绞线进行张拉，张拉量从控制应力的 50% 增加到 103%；最后一大步张拉是对奇数侧（15—17）锚具槽钢绞线进行张拉，张拉量从控制应力的 50% 增加到 103%。

3.9 衬砌结构真型试验加载

3.9.1 围岩和外水压模拟加载试验

1. 围岩和外水压力计算

（1）围岩压力。根据《水工隧洞设计规范》（SL 279—2016）[15]，薄层状及碎裂散体结构的围岩，作用在衬砌上的围岩压力可按式（3.8）和式（3.9）计算

垂直方向 $\qquad q_{\mathrm{v}} = (0.2 \sim 0.3)\gamma_{\mathrm{R}} b \qquad$ （3.8）

水平方向 $\qquad q_{\mathrm{h}} = (0.05 \sim 0.10)\gamma_{\mathrm{R}} h \qquad$ （3.9）

式中　　q_{v}——垂直均布围岩压力（kN/m^2）；

$\qquad q_{\mathrm{h}}$——水平均布围岩压力（kN/m^2）；

$\qquad \gamma_{\mathrm{R}}$——岩体容重（$kN/m^3$）；

$\qquad b$——隧洞开挖宽度（m）；

$\qquad h$——隧洞开挖高度（m）。

按照工程设计，开挖宽度和高度取值为 8.3m，代入上述公式计算即可得到围岩压力取值。

（2）外水压力。作用在预应力混凝土衬砌结构上的外水压力，按式（3.10）计算

$$P_{\mathrm{e}} = \beta_{\mathrm{e}} \gamma_{\mathrm{w}} H_{\mathrm{e}} \qquad （3.10）$$

式中　　P_{e}——作用在衬砌结构外表面的外水压力（kN/m^2）；

$\qquad \beta_{\mathrm{e}}$——外水压力折减系数；

$\qquad \gamma_{\mathrm{w}}$——水的容重（$kN/m^3$）；

$\qquad H_{\mathrm{e}}$——地下水位线至隧洞中心的作用水头（m）。

其中 β_{e} 外水压力折减系数取 0.25～0.6，外水压力对结构有利时，其系数取小值，不利时取大值，施工阶段和放空阶段时取较大值，冲水运营阶段取较小值。水头高度按照 50m 计算，通过上述公式计算即可得到外水压力取值。

2. 试验加载装置

对于高水压输水隧洞预应力衬砌真型试验的外部加载，采用预应力钢绞线的环形预应力作用机理，具体实施为：一是采用预应力钢绞线的环形作用压力等效模拟外水压力和部分围岩压力；二是在管片的拱顶和拱肩附近通过分配垫块高度和钢绞线的角度变化模拟局部不均匀围岩压力[16]。

　　为此，研发了对真型施加外部荷载的试验加载装置，装置分为两部分（见图 3.68）：一部分为环向对拉模式，模拟最大水压力的径向作用，将垂直方向和水平方向的荷载合为径向荷载；另一部分为半环对拉模式，模拟剩余的垂直和水平方向的围岩压力，按照角度和分担的关系，将均布荷载转化为沿径向的集中荷载，在荷载分配垫块处实现分担效应，通过调节分配垫块的高度以实现钢绞线施加力的角度。现场采取钢绞线直径为 15.2mm 的钢绞线进行环向和半环张拉，如图 3.69 所示。

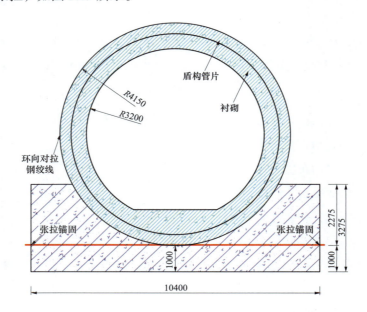

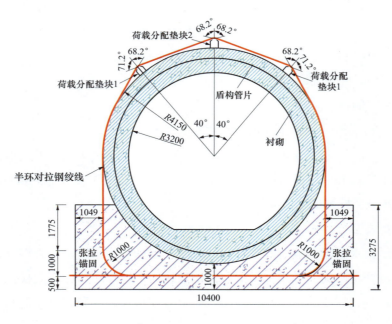

图 3.68　外水压力和围岩压力试验加载装置

图 3.69　试验现场围岩和外水压力加载

3.9.2　高内水压模拟加载试验

1. 设计方法

真型试验要求对衬砌结构施加真实内水压力，内水压加载装置的刚度需足够承受高水压力而不对衬砌结构产生附加应力。为此，内水压加载装置的主体为与衬砌内表面形状协同的筒形装置，在端部加焊环板与预埋于衬砌混凝土端部内表面的钢板通过焊接方式近似柔性连接，实现空腔端部密封。通过向空腔内注水可直接对衬砌内表面施加真实的内水压力，且能够检验衬砌混凝土的抗渗能力。

内水压加载装置沿轴向为筒形截面空心梁，能够在原型试验隧洞内整体滑入和滑出，以便多次加载使用和加载后对衬砌内表面状态进行检查与检测。其刚度应满足最大水压、滑入和滑出自重等作用下的变形控制要求。

根据上述设计理念，内水压加载装置主体部分的截面采用双层钢筒混凝土结构，如图 3.70 所示，沿轴向为筒形截面梁，如图 3.71 所示。由于钢筒外径大于内径的 1.1 倍，可按厚壁圆筒理论计算钢筒内层和混凝土的应力[17]。以最大水压作用下的环向应力控制内外层钢板厚度，由于装置在承受最大水压力时混凝土作为承载主体，内外钢筒厚度应尽可能减小以便于焊接。根据厚壁圆筒理论，在装置内表面布置 I25b 环撑以减小其径向变形。根据梁的承载特点，环撑沿轴向在水压加载区域和边界按照 1/4 加载长度等间距布置以减小径向变形。装置端部同时设置环撑以加强钢筒施工过程中的稳定性。

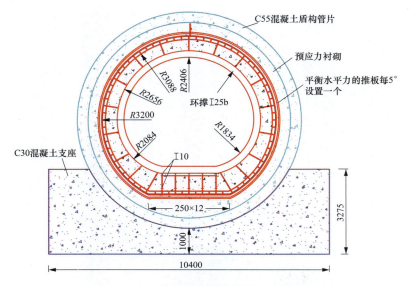

图 3.70 内水压加载装置横向截面图

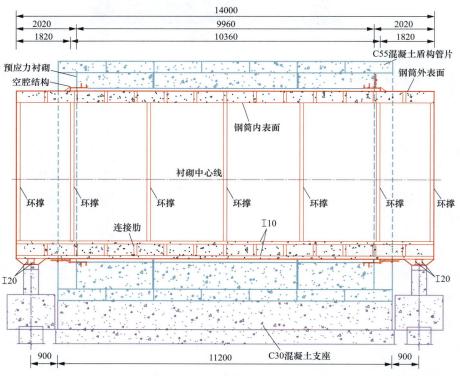

图 3.71 内水压加载装置轴向截面图

内水压加载装置在自重作用下沿轴向滑入、滑出时，其跨中变形可按照简支梁计算，容许变形 $l_0/400$，下部板满足规范 SL 191—2008[18] 的最小配筋率要求。但考虑装置的滑入、滑出和水压力作用时可能会产生钢板与混凝土分离的情况，所以在装置底部设置沿纵向的上下两排I10型钢，以提高底部板承载能力，加强混凝土与钢板在此处的黏结。

内外钢筒连接肋的间距，根据规范 GB/T 50214—2013[19] 规定的拉压构件的容许挠度 $l_0/1000$，按照一次性浇筑高度为 0.8m，经计算取值为 1.1m。因此，连接肋轴向间距取 1.0m，环向间距取 20°，肋板宽度为 0.1m。空腔结构是水压加载成功的关键，竖板外侧的平衡水平力推板按照 5° 间距布置，其直线间距为 0.283m，端部外伸间距为 0.2m。根据规范 DL/T 5054—2016[20] 规定，将空腔分割成以肋板间隔的圆环，计算得到空腔壁厚 12.8mm，考虑厚度的偏差、磨损和安全，取 20mm。根据规范 SL 281—2003[21]，试验水压力不小于正常工况最高内水压力的 1.25 倍，因此取 1.65MPa 的内水压力进行抗浮计算。为保持内水压加载装置支撑位置稳定，加载装置自重应大于浮力。

2. 加载装置

为实现试验模型独立加压的目的，避免加载装置支撑基础沉降对衬砌结构的影响，内水压加载装置架设在独立基础上。试验模型长度为 9.96m，内水压加载装置的长度为 14.00m，以三维剖切展示的内水压加载装置如图 3.72 所示。

按照加载装置的自重应大于内水压为 1.65MPa 时的浮力的计算要求，将加载装置设计成变截面形式。筒体拱腰以上部位厚度为 420mm，底部厚度为 680mm，拱腰以下部位与底部用平滑圆弧相连，填充混凝土的强度等级为 C50。

内水压加载装置用钢材的等级均为 Q235，双层钢筒的钢板厚度为 12mm，环撑采用工 25b 型钢，底部纵梁上下翼缘采用 I 10 型钢，衬砌端部预埋钢板厚度为 20mm。各组件几何尺寸如图 3.70 和图 3.71 所示，现场试验内水压加载装置的制作与安装如图 3.73 和图 3.74 所示。

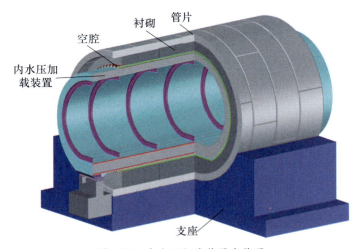

图 3.72 内水压加载装置安装图

图 3.73　内水压加载装置的制作

图 3.74　内水压加载装置的安装

参考文献

［1］李风兰，司鹏程，何银涛，等．管片错台对水工盾构隧洞衬砌受力性能的影响分析［J］．水电能源科学，2025 (1): 155−159.

［2］Li F. L., Si P. C., He Y. T., et al. Numerical Analysis of the Single-Directionally Misaligned Segment Behavior of Hydraulic TBM Tunnel［J］. 2024, 14(7): 2198.

［3］赵顺波，崔豪，何银涛，等．内水渗漏软化基底对盾构隧洞衬砌管片受力性能的影响分析［J］．水资源与水工程学报，2024, 35(3): 201−206+216.

［4］李晓克，陈震，赵洋，等．压力隧洞无黏结预应力混凝土衬砌［M］．北京：中国水利水电出版社，2019.

［5］赵顺波，李晓克，赵国藩．预应力施工阶段混凝土压力管道受力性能研究［J］．水力发电学报，2004 (1): 36−41.

［6］陈宇光. 输水隧洞预应力衬砌钢筋施工定位关键技术研究［D］. 郑州：华北水利水电大学，2022.

［7］陈震，陈宇光，薛广文，等. 输水隧洞衬砌预应力钢绞线布设、找形和定位技术研究［J］. 华北水利水电大学学报：自然科学版，2022,43(5): 6-12.

［8］JGJ 92—2016，无黏结预应力混凝土结构技术规程［S］. 北京：中国建筑工业出版社，2016.

［9］Mai S. W., Tang X. W., Lu A. D., et al. Full-scale model test for the performance of DDS prestressed composite lining with SCC-NC of high internal pressure shield tunnel［J］. Tunnelling and Underground Space Technology, 2024(144) 105528.

［10］陆岸典，唐欣薇，严振瑞，等. 复合衬砌结构的预应力混凝土配比试验研究［J］. 水力发电学报，2022,41(11): 149-158.

［11］李晓克，曹国鲁，姚广亮，等. 高压输水隧洞预应力混凝土衬砌锚具槽优化及免拆模板成槽技术研究［J］. 华北水利水电大学学报：自然科学版，2022,43(5): 13-18.

［12］曹国鲁. 水工隧洞预应力混凝土衬砌锚具槽优化设计研究［D］. 郑州：华北水利水电大学，2022.

［13］罗晶，唐欣薇，莫键豪. 基于 QZD-160 型气动振动器的混凝土振捣工艺试验研究［J］. 广东土木与建筑，2024,31(1): 72-74+106.

［14］李晓克，赵顺波，刘树玉，等. 大型倒虹吸结构预应力钢筋张拉施工顺序研究［J］. 水利水电技术，2005 (6): 68-71.

［15］中华人民共和国水利部. SL 279—2016，水工隧洞设计规范［S］. 北京：中国水利水电出版社，2016.

［16］刘通胜. 高水压输水隧洞预应力衬砌原型试验加载关键技术研究［D］. 郑州：华北水利水电大学，2022.

［17］徐芝纶. 弹性力学（上下册）［M］. 5 版. 北京：高等教育出版社，2016.

［18］水利部长江水利委员会长江勘测规划设计研究院. SL 191—2008，水工混凝土结构设计规范［S］. 北京：中国水利水电出版社，2009.

［19］中国机械工业联合会. GB/T 50214—2013，组合钢模板技术规范［S］. 北京：中国计划出版社，2014.

［20］电力规划设计总院. DL/T 5054—2016，火力发电厂汽水管道设计规范［S］. 北京：中国计划出版社，2016.

［21］水利部长江水利委员会长江勘测规划设计研究院. SL 281—2003，水电站压力钢管设计规范［S］. 北京：中国水利水电出版社，2003.

第 4 章

隧洞预应力混凝土衬砌结构真型试验预应力测试分析

在完成预应力混凝土衬砌结构真型试验制作的基础上，通过采集钢绞线张拉阶段的测试元件实测数据，分析隧洞预应力混凝土衬砌结构的预应力分布特性，研究不同节段钢绞线种类在张拉过程中对衬砌结构的受力规律。结合钢绞线直径、种类及衬砌材料性能，以及双层复合衬砌结构界面的受力特点，系统探讨了衬砌结构在环向、径向和轴向的受力行为。依托预应力混凝土衬砌真型试验，构建精细化三维有限元仿真模型，通过实测数据与仿真结果的对比，揭示钢绞线种类对受力特性的影响，验证数值仿真的可靠性和参数化分析的可行性，进一步确认前期设计成果的有效性，为类似隧洞工程的设计优化提供了科学依据与技术参考。

4.1 三维有限元计算模型

4.1.1 基本假定

针对盾构预应力双层复合衬砌结构真型试验的三维有限元数值仿真分析，本书对数值仿真模型做出以下假定和简化处理[1]：

（1）模型不考虑混凝土骨料的具体组成、预制和浇筑期间可能形成的内部缺陷，以及由于管片拼装误差导致的错台。

（2）假定普通受力钢筋和构造筋与混凝土之间完全协同变形，不考虑钢筋与混凝土之间的黏结滑移。钢筋应力通过关系式法或比弹模法进行计算，此方法通过宏观力学性质的等效来模拟钢筋和混凝土的复合行为。

（3）不同节段之间，不考虑橡胶止水带和接缝构造的详细建模。同时，假定螺栓与管片之间完全协同变形，不会出现相对滑移现象。

（4）在平台底座与管片衬砌，以及管片衬砌与预应力衬砌之间的界面，仅能传递径向压力，不传递拉力、剪力和弯矩。

4.1.2 数值仿真模型

根据真型试验，建立的三维有限元数值仿真模型如图 4.1 所示，双层复合衬砌结构数值仿真模型尺寸根据现场试验尺寸设置。整体柱坐标系符合右手坐标系的规定：约定隧洞纵向垂直向外为坐标轴正向，R、T 分别为隧洞径向和环向，Z 为隧洞纵向，也即水流方向，坐标轴原点位于纵向坐标为 0 的圆心处。

考虑到双层复合衬砌结构的变形相对于整体尺寸较小，并且在加载过程中主要保持在弹性阶段，混凝土材料处于线性的应力－应变关系。因此，数值仿真模型中的混凝土选用 C3D8 八节点线性六面体三维实体单元。这种单元适合于模拟小变形和线弹性材料的行为，并且能够在保证计算效率的同时，提供稳定的精确分析结果。此外，由于 C3D8 单元基于线性插值，适用于几何结构简单且应力状态比较均匀的场合，从而确保了对复合衬砌结构的有效模拟[2]。

考虑到钢绞线和螺栓在加载过程中仅承受轴向拉力或压力，变形相对于整体尺寸也较小，同时鉴于双层衬砌结构钢绞线和螺栓的数量众多，因此选择适用 T3D2 两节点三维桁架单元对钢绞线和螺栓进行建模。这种单元适用于分析仅受轴向力作用的构件，有效应对小变形和线弹性材料的行为。此外，T3D2 单元具有较高的计算效率，适用于涉及大量桁架构件的复杂结构，能够简化模型并加快计算过程[2]。双层复合衬砌结构各节段单元剖分类型和单元数见表 4.1。

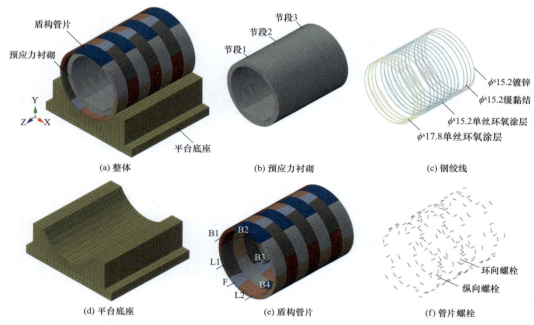

图 4.1 张拉阶段三维有限元数值仿真模型

表 4.1 双层复合衬砌结构各节段数值仿真模型单元剖分

构件	节段 1			节段 2			节段 3		
	单元类型	单元个数	节点个数	单元类型	单元个数	节点个数	单元类型	单元个数	节点个数
预应力衬砌	C3D8	4100	5412	C3D8	7790	9840	C3D8	4100	5412
盾构管片	C3D8	3040	4980	C3D8	4560	7470	C3D8	3040	4980
底座平台	C3D8	1596	2120	C3D8	2280	2915	C3D8	1596	2120
预应力钢绞线	T3D2	744	736	T3D2	1674	1656	T3D2	744	736
螺栓	T3D2	188	235	T3D2	320	400	T3D2	188	235

4.1.3 材料参数

1. 混凝土

各节段管片衬砌采用 C55 混凝土预制，预应力衬砌采用 C50 混凝土现浇，在数值仿真模型中，混凝土材料均采用线弹性本构，C50 和 C55 混凝土主要力学参数见表 4.2。

由于普通受力钢筋和构造钢筋可以提供额外的抗拉和抗弯能力，对预应力衬砌结构的整体刚度造成影响。因此，预应力衬砌结构可以视为均质钢筋混凝土体，其弹性模量 E_s 可以通过式（4.1）换算确定[3]。

$$\bar{E}_s = E_c \left(1 + \rho \frac{E_s - E_c}{E_c}\right) \tag{4.1}$$

式中　$\bar{E}_s$——均质化钢筋混凝土的换算弹性模量；

　　　E_c——混凝土弹性模量；

　　　E_s——钢筋弹性模量；

　　　ρ——配筋率。

表 4.2　混凝土材料参数

混凝土	重度（kN/m³）	弹性模量（GPa）	泊松比	抗压强度（MPa）	抗拉强度（MPa）	线膨胀系数
C55	26.0	35.5	0.20	35.5	2.74	1.0×10^{-5}
C50	26.0	34.5	0.20	32.4	2.64	1.0×10^{-5}

2. 钢绞线及螺栓

各节段的双层复合衬砌中，钢绞线和螺栓均采用钢材，考虑到钢材的非线性，钢材的本构关系选用理想弹塑性本构模型，本构曲线如图 4.2 所示，材料主要力学参数[4]见表 4.3。

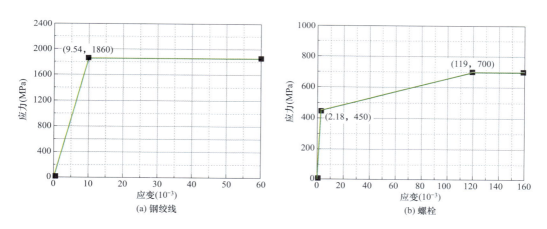

图 4.2　钢绞线及螺栓本构关系曲线

表 4.3　钢材材料参数

材料	重度（kN/m³）	弹性模量（MPa）	泊松比	屈服强度（MPa）	极限强度（MPa）	线膨胀系数
钢绞线	78.5	1.95×10^5	—	—	1860	1.20×10^{-5}
螺栓	78.5	2.06×10^5	0.30	450	700	1.73×10^{-5}

4.1.4　接触界面

为正确模拟双层复合衬砌结构的界面接触，数值仿真模型中采用表面－表面的接触模拟平台底座、盾构管片、预应力衬砌之间的接触关系。表面－表面接触可以用于两个或多个表面在荷载和约束作用下的相互作用，通过定义"主从"表面，能处理从微小到大变形的各种接触问题。这种接触关系分为法向和切向：法向为硬接触，即仅允许混凝土单元之间传递径向压力而不传递剪力和弯矩，且不会发生节点入侵；切向上则遵从库伦摩擦定律，即只有在剪应力达到临界值时才会发生相对滑移[5,6]。根据王士民的研究[7]，平台底座与管片衬砌、管片衬砌与预应力衬砌，管片环向和纵向接缝之间的摩擦系数设为0.5。

钢绞线和螺栓单元采用内置区域的方法与混凝土单元之间产生相互作用，这种方法适用于模拟钢筋在混凝土之间的行为，简化了加固结构中不同组成部分的接触和相互作用建模过程，能够准确捕捉被嵌入部件与基体之间的力和运动的传递，减少了因为复杂接触设置而带来的计算量，提高了整体模拟效率[6]。将钢绞线和螺栓单元嵌入在混凝土单元之中，即把钢绞线预应力和螺栓预紧力施加到混凝土单元上，实现杆件与实体单元的共同效应。

4.1.5　荷载及边界条件

1. 重力

在数值仿真模型中考虑结构的自重可以更准确地模拟实际情况，提高分析结果的可信度，结构自重按式（4.2）确定

$$G_i = \gamma_m V_i \tag{4.2}$$

式中　　G_i——结构自重；

　　　　γ_m——结构材料容重；

　　　　V_i——结构材料的相应体积。

2. 外水及围岩压力

在模型试验中，为了模拟外水及围岩压力，采用了环向对拉和半环对拉钢绞线的方式。其中，环向对拉用于模拟环向均匀荷载，而半环对拉则用于模拟非均匀荷载。根据施工和充水阶段的不同设计要求，施工阶段模拟的是外水及围岩压力的最大值，而充水阶段则模拟最小值。通过张拉钢绞线，可以在模型中实现最大和最小围岩压力的模拟。具体到数值上[8]，施工阶段的外水压力取值为294.3kN/m²，围岩的垂直方向压力取值为64.67kN/m²，围岩的水平方向压力取值为21.56kN/m²。在这些压力下，全环对拉的钢绞线每根张拉荷载为168.77kN，而半环对拉的钢绞线每根张拉荷载为92.73kN。

在数值仿真模型中，这些张拉荷载是通过在节点上加集中力的方式进行模拟，如图4.3所示。对于全环对拉，每个节点上施加的集中力计算为4×13.946kN = 55.784kN。对于半环对拉，顶部的三个荷载分配垫块处施加的集中力大小为67.067kN，在左右拱腰的28°范围

内，每个节点施加的集中力的大小为 6.47kN。数值仿真模型中的这种模拟方式可以准确地实现实际施工阶段围岩和外水压力对结构的影响，从而为进一步的分析和设计提供可靠的数据。

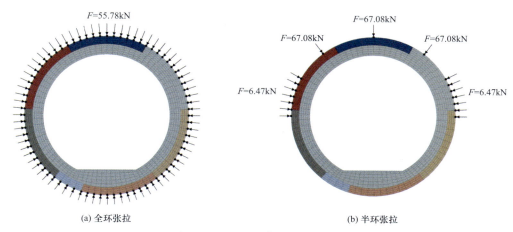

(a) 全环张拉   (b) 半环张拉

图 4.3 张拉阶段外水及围岩压力

3. 钢绞线预应力

各节段双层复合衬砌结构在钢绞线的张拉阶段主要考虑两种预应力损失，分别是锚具变形和钢筋内缩引起的预应力损失 σ_{l1} 和孔道摩擦引起的预应力损失 σ_{l2}，不同种类钢绞线的预应力损失计算结果如图 4.4（a）和图 4.4（b）所示[9]。

在实现钢绞线的有效预应力时，采用了实体钢筋降温法[10, 11]，此方法首先将钢绞线建模为三维实体，然后对这些钢绞线实施负的温度变化，即降温。通过这种方式，钢绞线尝试收缩，但由于周围混凝土的约束作用，收缩受到阻碍，从而在钢绞线中产生压缩应力[12, 13]。这种方法不仅可以灵活控制每个单元施加预应力的大小，而且可以更全面地分析钢绞线本身的应力状态及其对周围混凝土的影响，尤其是在模拟预应力释放和传递机制方面。在使用降温法引入预应力时，主要是利用材料的线膨胀系数和施加的温度变化来模拟预应力的产生，通过式（4.3）计算，不同种类钢绞线有效预应力和降温值如图 4.4（c）所示。

$$\Delta T = \frac{\sigma_{\mathrm{pe}}}{E\alpha} \tag{4.3}$$

式中 ΔT ——虚拟温度变化（负值表示虚拟的降温）；

       σ_{pe} ——钢绞线的有效预应力；

       E ——钢绞线的弹性模量；

       α ——钢绞线的线膨胀系数。

各节段不同种类钢绞线预应力损失、有效预应力和降低温度值均沿 360° 处对称分布。

其中锚具变形和钢筋内缩引起的预应力损失 σ_{l1} 均在 0° 和 720° 处最大，90° 附近处最小，σ_{l2} 均在 360° 处最大，0° 处最小。钢绞线有效预应力和降低温度值均在 90° 和 630° 附近处最大，360° 处最小。

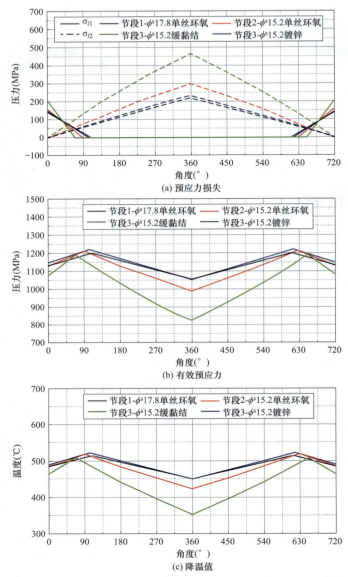

图 4.4　各节段不同种类钢绞线张拉阶段预应力损失、有效预应力及降温值

各节段不同种类钢绞线张拉阶段预应力损失、有效预应力和降温平均值见表 4.4。预应力损失从小到大排序为：节段 1 ϕ^s17.8 单丝环氧、节段 3 ϕ^s15.2 镀锌、节段 2 ϕ^s15.2 单丝环氧和节段 3 ϕ^s15.2 缓黏结。由于节段 1 ϕ^s17.8 钢绞线和节段 2、3 ϕ^s15.2 钢绞线张拉控制应力的不同，导致其有效预应力从大到小排序为：节段 3 ϕ^s15.2 镀锌、节段 1 ϕ^s17.8 单丝环氧、节

段 2 ϕ 15.2 单丝环氧和节段 3 ϕ 15.2 缓黏结。因此，在钢绞线种类方面，镀锌材料的预应力损失最小，其次是单丝环氧，而缓黏结最大。此外，对于相同种类的钢绞线而言，其直径越大，其预应力损失越小。

表 4.4　各节段不同种类钢绞线张拉阶段预应力损失及有效预应力

钢绞线种类	张拉控制应力（MPa）	σ_{l1}（MPa）	σ_{l2}（MPa）	有效预应力（MPa）	降温值（℃）
节段 1 ϕ 17.8 单丝环氧	1272.94	19.40	116.19	1137.34	486.04
节段 2 ϕ 15.2 单丝环氧	1293.58	18.49	161.27	1113.83	475.99
节段 3 ϕ 15.2 缓黏结	1293.58	17.40	258.71	1017.48	434.82
节段 3 ϕ 15.2 镀锌	1293.58	18.79	126.26	1148.53	490.82

4. 螺栓预紧力

在盾构预应力衬砌结构中，螺栓的紧固起着连接管片块的重要作用。若预紧力过大，可能导致螺栓过度紧固，引起混凝土材料的过度压缩，从而产生裂缝、变形和损坏；同时，预紧力过大还可能使螺栓超过其应力极限，造成塑性变形而破坏。相反，若预紧力过小，则螺栓连接不牢固，无法有效传递荷载和应力，从而降低结构的稳定性和承载能力。因此，合理控制螺栓的预紧力，确保盾构预应力衬砌结构的安全性和稳定性[14]。

根据王康任的研究[15]，数值仿真模型中直径为 30mm 的 A4-70 级螺栓的预应力为 176.72kN，对应于螺栓公称应力截面积下的强度值为 315MPa，即预紧力达到其屈服强度的 70%。预紧力的实现采用与钢绞线有效预应力相似的实体钢筋降温法，螺栓的降温值为 88.39℃。

5. 边界条件

结合模型试验中的实际受力情况，考虑底部桩基对平台底座的约束作用，数值仿真模型中对平台底座底板的各节点进行 X、Y、Z 三个方向的约束，这样的约束设置可以更真实模拟实际情况下的结构响应和行为[6]。

4.2　衬砌结构混凝土环向应力分析

节段 1 断面 1、节段 2 断面 2～4 以及节段 3 断面 5 内外层预应力衬砌在钢绞线最后一步张拉完成时的环向应力实测值和数值仿真结果如图 4.5 所示。内层选取钢筋计应力换算结果与数值仿真结果进行对比，外层选取钢筋计应力换算结果、混凝土计实测值与数值仿真结果进行对比。内外层预应力衬砌环向实测值与数值仿真结果整体保持较高的一致性，节段 1 断面 1 处的环向应力实测值与数值模拟结果的差异性大于其他断面处，是由于节段 1 模型试验现场钢绞线只张拉到了其控制应力的 75%，而数值仿真模型中钢绞线则张拉到了其控制应力的 103%。当钢绞线最后一步张拉完成时，各节段测试断面处的环向应力实测值和数值仿真结果都处于受压状态，满足全截面受压的设计要求。

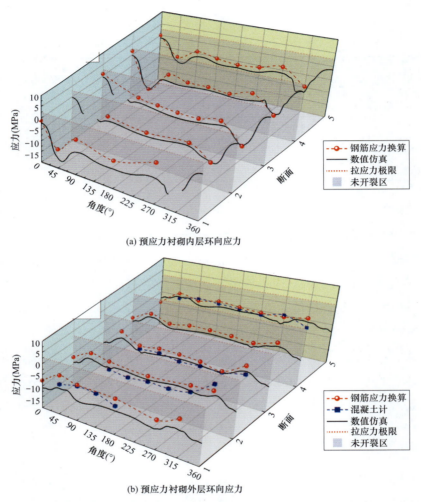

(a) 预应力衬砌内层环向应力

(b) 预应力衬砌外层环向应力

图 4.5　钢绞线张拉后不同断面处内外层预应力衬砌环向应力

各节段测试断面处的内外层预应力衬砌环向应力均大致沿 180° 处对称分布，内层的环向应力变化规律与外层相反。内外层预应力衬砌均在 45° 和 315° 位置处有较大突变，内层在 45° 位置处的环向压应力实测值和数值仿真结果达到最大，在 90°～270° 范围内分布较为均匀。内层预应力衬砌环向应力在 0° 附近处于受拉状态，最大环向拉应力出现在测试断面 4，最大值为 1.65MPa，小于混凝土的抗拉强度极限。内层 0° 附近出现受拉是由于此处监测点临近行车道，距离钢绞线的位置较远，衬砌混凝土的预压应力未覆盖至此处。

内层预应力衬砌测试断面 1～5 处全周实测平均值分别为 −5.37MPa、−6.60MPa、−6.96MPa、−6.75MPa 和 −5.44MPa，全周数值仿真平均值大于试验结果，增量分别

为 −4.44MPa、0MPa、−1.41MPa、−1.05MPa、−1.56MPa。节段 1 环向应力实测平均值与数值模拟结果差异较大是由于试验现场节段 1 钢绞线仅张拉至其设计控制应力的 75%，而数值模拟则按照控制应力的 103% 进行张拉。由试验数据可知，内层预应力衬砌在节段 1 和节段 3 处的环向压应力差异较小且均小于节段 2，因此节段 1 和节段 3 的环向预压效果相当，节段 2 的效果最好。而数值模拟结果则表明节段 1 的环向压应力最大，节段 3 的最小，因此节段 1 的环向预压效果最明显，其次为节段 2。试验和数值模拟结果均表明节段 2 中间断面处的环向压应力要高于两个端部断面，因此中间断面处的环向预压效果最好，呈现从中间断面向两端断面逐渐减弱的趋势。

外层预应力衬砌断面 1～5 处全周钢筋应力换算实测平均值分别为 −5.31MPa、−4.69MPa、−6.09MPa、−6.02MPa 和 −5.65MPa，全周数值仿真平均值分别为 −10.10MPa、−6.83MPa、−8.42MPa、−7.63MPa 和 −6.83MPa。外层预应力衬砌环向应力分布规律与内层一致，外层节段 1 环向压应力实测结果小于其他节段处，数值仿真结果高于其他节。因此结合内层预应力衬砌环向应力的分布规律可知，在钢绞线最后一步张拉完成后，节段 2 的环向预压效果最好，节段 1 和节段 3 相当，并且环向预压效果呈现从中间断面逐渐向两端减弱的分布趋势。

为探究内外层预应力衬砌环向应力随钢绞线张拉步骤变化的分布规律，对节段 2 断面 3 处的随张拉步骤变化的环向应力实测值与数值仿真分析行了对比，结果如图 4.6 所示。内层预应力衬砌环向应力实测值与数值仿真结果如图 4.6（a）所示，在钢绞线的第一个主要张拉阶段（第 1～5 步），内层 0° 附近的环向应力为拉应力，而其他角度的环向应力为压应力。由于预留锚具槽的存在，缺少了 45° 附近的环向应力，而 315° 附近则出现了较高的环向压应力。最大环向应力随着钢绞线张拉步骤的增加而逐渐增大，在完成第 5 步张拉时，0° 附近的环向拉应力达到最大值 0.34MPa，315° 附近的环向压应力达到最大值 −3.16MPa。

在钢绞线的第二个主要张拉阶段（第 6～9 步），内层 0° 附近的环向拉应力和 315° 附近的环向压应力在前 5 个张拉步骤的基础上有所增加。预应力衬砌 315° 附近的环向压应力明显高于其他角度的环向压应力，所有角度的环向应力变化规律与前 5 个张拉步骤相似。在第 6 个张拉步骤完成时，0° 附近的周向拉应力达到最大值 0.86MPa。在第 10 个张拉步骤完成时，最大环向压应力在 315° 附近达到最大值 −11.06MPa。

在钢绞线的第三个主要张拉阶段（第 10～14 步），内层 0° 附近的环向拉应力和 315° 附近的环向压应力继续增加。各角度处的环向应力变化规律与前 9 个张拉步骤相似，在第 11 个张拉步骤完成时，最大环向拉应力在 0° 附近达到最大值 1.20MPa。在第 13 个张拉步骤完成时，环向压应力在 315° 附近达到最大值 −14.54MPa。

在钢绞线的第 1～14 步张拉过程中，内层预应力衬砌 0° 附近处的环向应力一直处于受拉状态，并且随着钢绞线张拉顺序的进行，环向拉应力逐渐增大。在钢绞线最后一步张拉完成时，环向拉应力达到最大值1.20MPa，小于混凝土抗拉强度极限。内层0°附近出现受拉是由于此处监测点临近行车道，距离钢绞线的位置较远，衬砌混凝土的预压应力未覆盖至此处。

钢绞线的第1～14步张拉完成时，每个张拉步骤的环向应力实测平均值分别为 −0.35MPa、−1.11MPa、−1.46MPa、−1.46MPa、−1.40MPa、−1.35MPa、−1.75MPa、−3.09MPa、−4.75MPa、−5.00MPa、−4.94MPa、−5.66MPa、−6.55MPa、−7.04MPa 和 −7.14MPa。数值仿真结果大于实验结果，增量分别为 −0.26MPa、−0.37MPa、−0.49MPa、−0.52MPa、−0.72MPa、−1.29MPa、−1.40MPa、−1.14MPa、−1.33MPa、−1.41MPa、−1.13MPa、−1.12MPa、−1.24MPa、−1.23MPa。试验和数值仿真结果表明，内层的环向压应力平均值随着钢绞线张拉步骤的增加而逐渐增大。预应力衬砌的环向预压效果也在逐渐增加。当钢绞线完成最后一个张拉步骤（第14步）时，内层的环向压应力平均值达到最大，此时的环向预压效果也最为显著。

外层预应力衬砌环向应力实测值与数值仿真模拟结果如图4.6（b）所示在钢绞线的第一个主要张拉阶段（第1～5步），外层的环向应力呈现压缩状态。45°和315°附近的环向压应力低于其他角度的环向压应力，而90°附近的环向压应力高于其他角度的环向压应力。最大环向压应力随着钢绞线张拉步骤的增加而逐渐增大。在第5个张拉步骤完成时，90°附近出现了 −2.74MPa 的最大环向压应力。45°附近的环向压应力约为零，而0°附近的环向压应力在第1个张拉步骤完成时最小，为 −0.71MPa。

在钢绞线的第二个主要张拉阶段（第6～9步），外层的环向压应力在前5个张拉步骤的基础上有所增加。在45°和315°附近的环向压应力不同于其他角度的环向压应力，其变化趋势与内层相反。各角度的环向压应力的变化规律与前5个张拉步骤相似，最大环向压应力值为 −7.26MPa，出现在第9个张拉步骤完成时的90°附近。最小环向应力出现在第7个张拉步骤完成时的45°附近，为 −1.49MPa。

在钢绞线的第三个主要张拉阶段（第10～14步），衬砌外层混凝土的环向压应力继续增大。所有角度的环向压应力变化规律与前9个张拉步骤相似，而45°和315°角度的环向压应力继续明显增加。最大环向压应力值为 −10.01MPa，出现在第14个张拉步骤完成时的90°附近。在第10个张拉步骤完成时，在45°附近出现了最小环向压应力，其值为 −2.42MPa。

在第1～第14步的张拉过程中，外层的环向应力始终处于压缩状态。这就确保了在钢绞线的整个张拉过程中，外层处于全截面压缩状态。

钢绞线的第1～14步张拉完成时，每个张拉步骤的环向应力实测平均值分别为 −0.33MPa、−1.09MPa、−1.56MPa、−1.53MPa、−1.47MPa、−1.70MPa、−3.02MPa、−4.22MPa、

−4.64MPa、−4.52MPa、−5.06MPa、−5.83MPa、−6.17MPa 和 −6.26MPa。数值仿真结果高于实验结果，增量分别为 −0.21MPa、−0.51MPa、−0.51MPa、−0.51MPa、−0.51MPa。−0.51MPa、−0.49MPa、−0.61MPa、−0.94MPa、−1.53MPa、−1.82MPa、−1.67MPa、−1.75MPa、−1.62MPa、−1.98MPa、−2.25MPa 和 −2.16MPa。

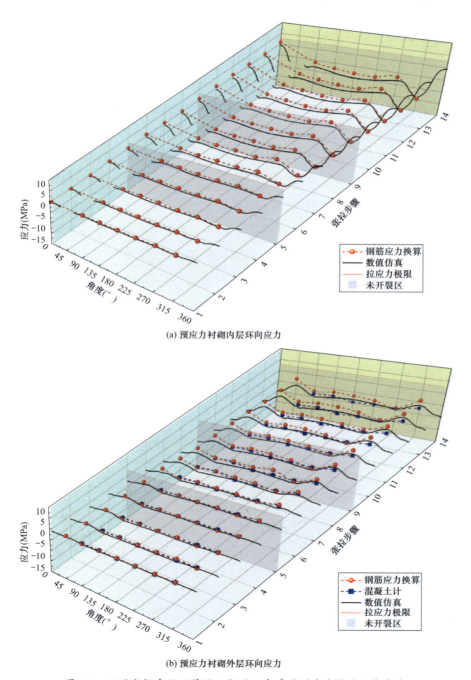

(a) 预应力衬砌内层环向应力

(b) 预应力衬砌外层环向应力

图 4.6　不同张拉步骤下节段 2 断面 3 内外层预应力衬砌环向应力

试验和数值仿真结果表明，外层的环向压应力平均值随着钢绞线张拉步骤的增加而逐渐增大。结合内层环向应力平均值的变化规律可知，当钢绞线完成最后一个张拉步骤（第14步）时，内外层的环向预压效果最为显著。

4.3 衬砌结构混凝土径向受力分析

4.3.1 管片衬砌与预应力衬砌间脱开量

各节段钢绞线张拉完成时，节段1断面1和节段2断面2～3处管片衬砌与预应力衬砌之间的脱开量实测值与数值仿真结果如图4.7所示。数值仿真结果表明，各节段管片衬砌与预应力衬砌之间的脱开量，均在105°和255°附近处达到最大，180°处最小。45°和90°处受重力和底座平台的约束影响，其张开量基本为0mm且保持不变。

节段1断面1和节段2断面2～3处管片衬砌与预应力衬砌在钢绞线张拉完成后的数值仿真变形如图4.8～图4.10所示，各断面内衬混凝土由于受到钢绞线的张拉约束作用，其变形呈现向内收缩的趋势，呈椭圆形。断面1～3均在105°和225°处的脱开量最大，45°处由于受重力和底座平台约束的作用，其脱开量最小。断面1和断面3在105°和225°处的脱开量大于断面2处，是由于断面1和断面3在105°和225°处于管片接缝处，由于管片缝隙的存在，缺少与内衬外表面的黏结作用，在钢绞线进行张拉时会使内外衬砌之间的张开量较大。节段1断面内外衬砌之间的张开量较小是由于试验现场钢绞线仅张拉至其控制应力的75%，而数值仿真则是按照钢绞线控制应力的103%进行张拉。节段2断面3内外衬砌在180°处的张开量实测值为0.87mm是由于现场试验顶部位置处混凝土浇筑不密实导致内外衬砌之间存在空隙。

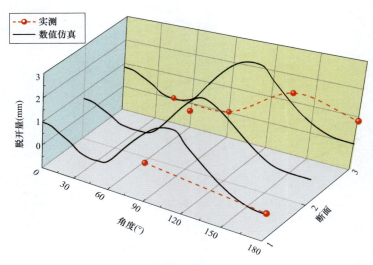

图 4.7　张拉变形后不同断面管片衬砌与预应力衬砌径向脱开量

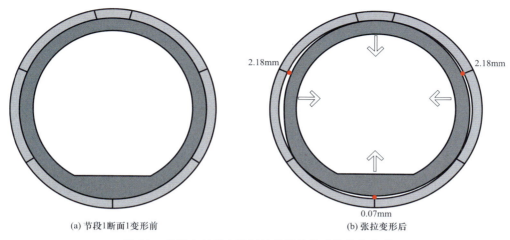

(a) 节段1断面1变形前

(b) 张拉变形后

图 4.8　节段 1 断面 1 因钢绞线张拉导致的结构变形

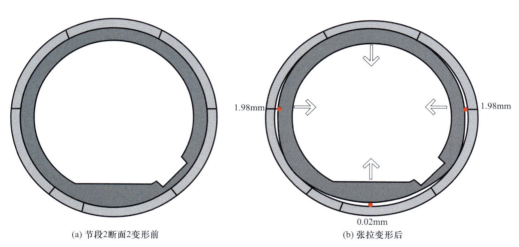

(a) 节段2断面2变形前

(b) 张拉变形后

图 4.9　节段 2 断面 2 因钢绞线张拉导致的结构变形

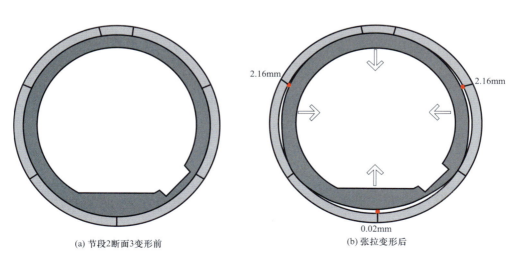

(a) 节段2断面3变形前

(b) 张拉变形后

图 4.10　节段 2 断面 3 因钢绞线张拉导致的结构变形

4.3.2　混凝土计测试结果

节段 2 断面 3～4 和节段 3 断面 5 预应力衬砌的径向应力实测值和数值仿真如图 4.11 所示，实测值和数值仿真结果之间具有较好的一致性。试验和数模仿真结果均表明预应力衬砌在 270°～315° 之间的径向拉应力较大，说明此处受钢绞线径向挤压的作用较为明显。节段 2 断面 3～4 和节段 3 断面 5 预应力衬砌的径向应力全周实测平均值分别为 1.89MPa、1.57MPa 和 1.68MPa，全周数值仿真平均值小于试验，增量分别为 −0.15MPa、−0.15MPa 和 −0.08MPa。试验和数值模拟结果表明节段 1 受钢绞线径向挤压的影响最大，节段 3 次之，节段 2 最小，这是因为节段 1 的钢绞线直径为 17.8mm，大于节段 2 和节段 3 的 15.2mm。

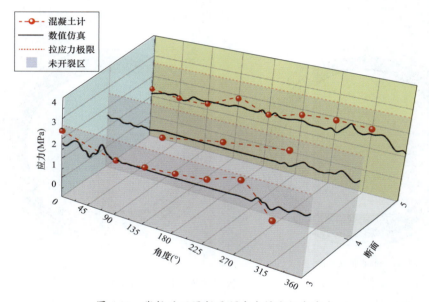

图 4.11　张拉后不同断面预应力衬砌径向应力

节段 2 断面 3 在钢绞线不同张拉步骤下的径向应力实测值和数值仿真结果如图 4.12 所示。随着张拉顺序的进行，预应力衬砌各角度位置处的径向应力均出现受拉状态，呈现先不变后增加的趋势，且整个张拉阶径向应力始终小于混凝土抗拉强度极限，处于弹性状态。在钢绞线的前 5 步张拉完成时，预应力衬砌径向拉应力增加缓慢，说明在钢绞线达到其张拉控制应力的前 50% 阶段（张拉步骤 1～5），对径向拉应力的增加影响较小。在钢绞线的第 6～9 步张拉完成时，预应力衬砌径向拉应力增长速率加快后放缓，说明在钢绞线达到其张拉控制应力的 0～103% 阶段（张拉步骤 6～9），对径向拉应力的增加影响较大，径向拉应力开始显著增加。随后在钢绞线的第 10～14 步张拉完成时，预应力衬砌径向拉应力继续增加后放缓，说明在钢绞线达到其张拉控制应力的 50%～103% 阶段（张拉步骤 10～14），对径向拉应力仍有较大的增加影响。

预应力衬砌径向拉应力在 270° 处的增长速率达最快，而在 315° 处最慢。当钢绞线最后一步张拉完成时，315° 处的径向拉应力达到最大值为 2.48MPa，270° 处的径向拉应力为 1.08MPa，其他角度位置处径向拉应力集中在 1.5～2.5MPa。

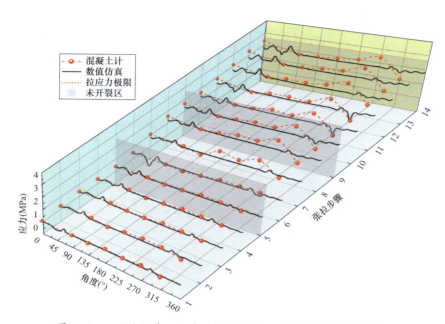

图 4.12 不同张拉步骤下节段 2 断面 3 预应力衬砌径向应力对比

4.3.3 预应力钢筋径向应力分析

节段 2 断面 3 内外层钢绞线和节段 3 断面 5 内层钢绞线径向应力实测值和数值模拟结果如图 4.13 和图 4.14 所示，实测和数值仿真结果均表明钢绞线应力随张拉外力的增长呈线性增加的趋势，内外层钢绞线应力高于实测值，这是由于在钢绞线实际的张拉过程中所产生的预应力损失要高于数值仿真模型。

内外层钢绞线应力随着张拉荷载的增大而增大。在 0～15% 张拉阶段，内外层钢绞线应力有着较快的应力增长速率，说明早期预紧力对钢绞线应力的影响较大。在 15%～100% 张拉阶段，内外层钢绞线应力增长速率放缓，进入平稳增长阶段。在 100%～103% 张拉阶段，内外层钢绞线应力增长较少。数值仿真结果表明在钢绞线的整个张拉阶段，节段 2 断面 3 内层 45° 圆弧处增张最多，外层 45° 直线处增张最多，节段 3 断面 5 内层 135° 处增张最多。

节段 2 断面 3 在钢绞线 103% 张拉完成时，外层钢绞线应力除 225° 外均大于内层，且内外层最大应力的差值出现在 45° 直线段处，最小应力的差值出现在 45° 圆弧处，说明外层钢绞线预应力损失小于内层。45° 直线段、45° 圆弧段、135°、225° 和 315° 处内外层钢绞

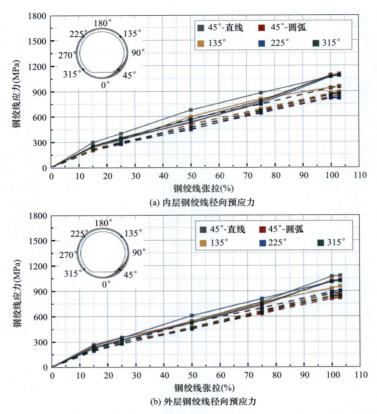

(a) 内层钢绞线径向预应力

(b) 外层钢绞线径向预应力

图 4.13　节段 2 断面 3 内外层钢绞线径向预应力

注：图中实线表示数值仿真结果，虚线表示实测数值。

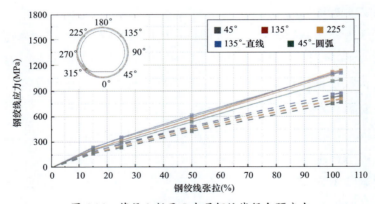

图 4.14　节段 3 断面 5 内层钢绞线径向预应力

注：图中实线表示数值仿真结果，虚线表示实测数值。

线平均应力逐渐减小，说明钢绞线预应力自张拉端（45°直线段）开始沿程损失，张拉端直线段处的预应力损失最小，经一圈（360°）后在相同角度处的圆弧段（45°圆弧段）预应力损失达到最大。张拉力约减小了 9.93%，这与前期理论计算结果一致，小于同类工程

35%～40% 的损失值。由于 HM 环锚张拉端的孔道曲率变化较小，且采用了同一千斤顶以实现双向张拉，因此预应力钢绞线沿程应力较为均匀。节段 3 断面 5 的钢绞线与节段 2 断面 3 对称分布，其钢绞线预应力分布规律与节段 2 断面 3 一致，钢绞线预应力自张拉端（315° 直线段）开始沿程损失，张拉端直线段处的预应力损失最小，经一圈（360°）后在相同角度处的圆弧段（315° 圆弧段）预应力损失达到最大。

4.4　衬砌结构混凝土轴向受力分析

节段 2 预应力衬砌沿纵向 90° 处的纵向应力实测值和数值仿真结果如图 4.15 所示，纵向应力采用钢筋应力换算进行实测，其实测值和数值仿真结果之间具有较好的一致性。在钢绞线的第一个主要张拉阶段（第 1～5 步），衬砌混凝土的最大纵向拉应力呈逐渐减小的趋势。在完成第 1～4 步张拉后，纵向拉应力呈现先增大后减小的趋势。最大纵向拉伸应力为 1.46MPa，出现在距离终点 1.6m 的第 2 个张拉步骤完成时。在第 5 个张拉步骤完成时，纵向应力在前 4 个张拉步骤的基础上有所减小，并在零点附近更均匀地分布。

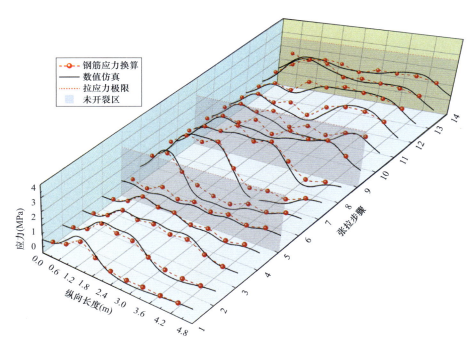

图 4.15　不同张拉步骤下预应力衬砌 90° 方向处的纵向应力

在钢绞线第二个主要张拉阶段（第 6～9 步），衬砌混凝土的最大纵向拉应力呈先增大后减小的趋势，变化规律与前 5 个张拉步骤相似。在距离终点 1.9m 的第 8 个张拉步骤完成时，最大纵向拉应力达到 2.38MPa，在允许的拉应力范围内。在第 9 步完成时，纵向应力沿中间呈 M 形对称分布，应力变化范围为 0～1.50MPa。

在钢绞线的第三个主要张拉阶段（第10～14步），衬砌混凝土的最大纵向拉应力呈先增大后减小的趋势。纵向应力的变化规律与第9个张拉步骤相似，呈M形趋势。最大纵向拉应力达到2.36MPa，出现在距离终点1.3m的第13个张拉步骤完成时。在最后一个张拉步骤（第14步）完成时，纵向应力在距终点2.4m处从0～1.50MPa呈对称分布。

在钢绞线的三个主要张拉阶段，最大纵向拉应力分别达到1.46MPa、2.38MPa和2.36MPa，分别对应于第2步、第8步和第13步张拉步完成时距端头1.6m、1.9m和1.3m处。因此，在钢绞线的张拉过程中，有必要在第8步张拉距端头1.9m处和第13步张拉距端头1.3m处进行90°监测，以防止因纵向拉应力过大而开裂。

节段2预应力衬砌沿纵向180°处的纵向应力实测值和数值仿真结果如图4.16所示，其纵向应力实测值和数值仿真结果之间具有较好的一致性，且纵向应力随张拉步骤变化的分布规律与90°处基本一致。在钢绞线的三个主要张拉阶段，最大纵向拉应力分别达到1.35MPa、2.17MPa和2.63MPa，分别对应于第2步、第7步和第13步张拉完成时距离端部头1.6m、1.4m和1.4m处，最大纵向拉应力小于混凝土抗拉强度极限。因此，在钢绞线的张拉过程中，有必要在第13步张拉距端头1.4m处进行180°监测，以防止因纵向拉应力过大而开裂。

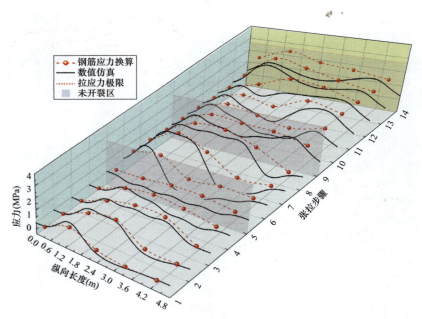

图4.16 不同张拉步骤下预应力衬砌180°方向处的纵向应力

预应力衬砌中间和两个端头位置处90°和180°的纵向应力实测值和数值仿真结果如图4.17所示，中间位置处的纵向应采用钢筋应力换算和混凝土计进行实测，其实测值与数值模仿结果之间具有较好的一致性。

如图 4.17（a）所示，纵向应力的变化规律在距离端头 2.4m 的 5 号锚槽处呈现出先不变后增大的趋势。纵向应力在第 1～5 步张拉完成时在零点附近波动，然后增大并呈现拉伸状态。在第 6～13 步张拉完成时，纵向拉应力在 1.0MPa 上下波动，然后保持不变。在第 14 步张拉完成时，纵向拉应力达到最大值 1.53MPa。

如图 4.17（c）所示，纵向应力的变化规律在距离端头 4.4m 的 13 号锚槽处呈现出先不变后增大的趋势。纵向应力在第 1～8 步张拉完时在零点附近波动，然后逐渐增大并呈现拉伸状态。第 9～14 张拉完成时，纵向应力高于前 8 个张拉步骤，在第 11 步张拉完时，拉应力达到最大值 1.51MPa。

如图 4.17（b）所示，纵向应力的变化规律在距端头 2.4m 的 9 号锚槽处呈现波浪状，其变化趋势与 5 号和 13 号锚槽不同。混凝土计实测值与钢筋应力换算之间存在差异是由于钢筋应力换算并未考虑混凝土与钢筋之间的黏结作用，认为混凝土和钢筋之间协调变形。纵向拉应力分别在第 2 步、第 8 步和第 13 步张拉完成时达到较高值。第 13 步张拉完成时，纵向拉应力达到最大值 2.79MPa，超过了混凝土抗拉极限，此时混凝土发生开裂进入塑性阶段。此处混凝土发生开裂可能是由于顶部 180° 处泵送混凝土比较困难，而且缺乏人工振捣，导致该处混凝土密度较低。因此，在施工中不仅要改善顶部 180° 处混凝土浇筑和压实的施工工艺，还要监测此处因钢绞线张拉所致的纵向应力变化。

在第 9～14 步张拉期间，9 号锚具槽 180° 处以及 13 号锚具槽 90° 和 180° 处的实测与数值仿真结果之间的差异明显增大。产生这种差异的原因可能与现场混凝土浇筑过程有关。与 5 号锚槽相比，9 号和 13 号锚槽的混凝土浇筑存在一些缺陷，原因是混凝土从 5 号锚槽开始浇筑，逐渐流向另一端。

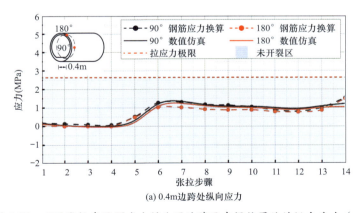

(a) 0.4m 边跨处纵向应力

图 4.17　不同张拉步骤预应力衬砌两边跨及中间位置处的纵向应力（一）

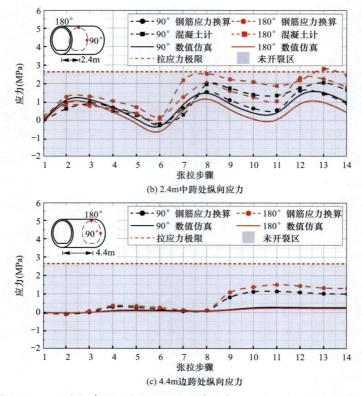

(b) 2.4m中跨处纵向应力

(c) 4.4m边跨处纵向应力

图 4.17　不同张拉步骤预应力衬砌两边跨及中间位置处的纵向应力（二）

参考文献

［1］何灏典．预应力复合衬砌自密实混凝土应用及结构长期稳定性能研究［D］．广州：华南理工大学，2022.

［2］王鹰宇．Abaqus 分析用户手册－单元卷［M］．北京：机械工业出版社，2020.

［3］宋玉普．高等钢筋混凝土结构学［M］．北京：中国水利水电出版社，2013.

［4］中国建筑科学研究院．GB/T 5224—2014，预应力混凝土用钢绞线［S］．北京：中国标准出版社，2014.

［5］丁文其，朱令，彭益成，等．基于地层－结构法的沉管隧道三维数值分析［J］．岩土工程学报，2013, 35(S2): 622−626.

［6］王鹰宇．Abaqus 分析用户手册－指定条件、约束与相互作用卷［M］．北京：机械工业出版社，2019.

［7］王士民，于清洋，彭博，等．基于塑性损伤的盾构隧道双层衬砌三维实体非连续接触模型研究［J］．岩土力学与工程学报，2016, 35(2): 303−311.

［8］中华人民共和国水利部．SL 279—2016 水工隧洞设计规范［S］．北京：中国水利水电出版社，2016.

［9］赵顺波，李晓克，严振瑞，等．环形高效预应力混凝土技术与工程应用［M］．北京：科学出版社，2008.

［10］亢景付，随春娥，王晓哲. 无黏结环锚预应力混凝土衬砌结构优化［J］. 水利学报，2014，45(1)：103−108.

［11］何琳，王家林. 模拟有效预应力的等效荷载−实体力筋降温法［J］. 公路交通科技，2015，32(11)：75−80.

［12］张社荣，祝青，李升. 大型渡槽数值分析中预应力的模拟方法［J］. 水力发电学报，2009，28(3)：97−100+90.

［13］张志川. 有限元计算中预应力等效模拟方法研究［J］. 人民黄河，2020，42(S1)：122−127.

［14］杨俊芬，战宇皓，胡锋涛，等. 基于普通螺栓抗剪性能的紧固力矩限值试验研究［J］. 钢结构，2018，33(3)：21−27.

［15］王康任，柳献，官林星. 螺栓预紧力对矩形盾构隧道结构受力性能影响的精细化分析［C］. 2016 中国隧洞地下工程大会 (CTUC) 暨中国土木工程学会隧道及地下工程分会第十九届年会，2016：9.

第 5 章

隧洞预应力混凝土衬砌结构真型加载试验测试分析

在完成各节段钢绞线张拉的基础上，本章通过采集充水运营阶段测试元件的实测数据，分析隧洞衬砌结构的应力分布特性，研究围岩、外水和内水压力在不同节段对衬砌结构受力规律的影响。系统探讨了衬砌结构在环向、径向和轴向的受力行为。在第 4 章仿真模型的基础上，结合充水阶段的实际工况，增加外水和围岩压力、调整钢绞线的有效预应力及降温值，并引入随高程变化的内水压力梯度荷载，对衬砌结构真实受力情况进行了模拟分析。结果验证了前期设计成果的有效性，为类似工程结构的优化设计与实际应用提供了重要参考依据。

5.1 三维有限元计算模型

盾构预应力衬砌结构充水阶段三维有限元数值仿真模型与张拉阶段的不同点在于增加了回填混凝土单元，改变了外水和围岩压力，改变了有效预应力的降温值，增加了随高程变化的梯度内水压力以及回填混凝土的预压应力。

5.1.1 数值仿真模型

盾构预应力衬砌结构充水阶段三维有限元数值仿真模型如图 5.1 所示，与张拉阶段相比，增加了锚具槽回填混凝土单元，其单元属性与张拉阶段的混凝土单元相同，均采用 C3D8 八节点线性六面体三维实体单元。节段 1、2 和 3 的回填混凝土单元个数分别为 72、162 和 72，节点个数分别为 224、504 和 224。

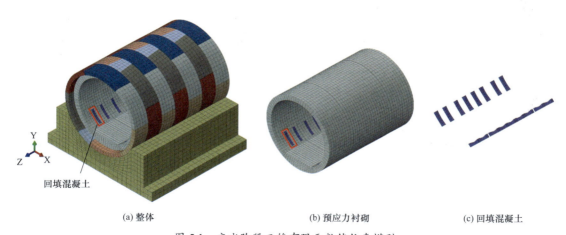

(a) 整体   (b) 预应力衬砌   (c) 回填混凝土

图 5.1　充水阶段三维有限元数值仿真模型

锚具槽回填混凝土采用无收缩微膨胀混凝土[1]，混凝土强度等级为 C50，膨胀量为 1.0×10^{-4}，采用线弹性本构关系。

锚具槽回填混凝土单元采用型号改变的方法，即在预应力衬砌张拉阶段使锚具槽回填混凝土单元无效，在充水阶段重新激活锚具槽回填混凝土单元。激活后，锚具槽回填混凝土与周围预应力衬砌共节点。这种方法能根据需要灵活地调整模型，准确地模拟结构在不同加载阶段的行为，确保数值仿真结果的可靠性和准确性[2,3]。

5.1.2 荷载

1. 外水及围岩压力

为满足设计要求，盾构预应力衬砌结构在充水阶段的外水和围岩压力取最小值，外水压力取值为 55.79kN/m², 围岩的垂直方向压力取值为 43.11kN/m², 围岩的水平方向压力取值为 10.78kN/m², 在这些压力下, 全环对拉的钢绞线每根张拉荷载为 34.88kN, 而半环对拉的钢绞线每根张拉荷载为 67.29kN。

在数值仿真模型中, 这些张拉荷载是通过在节点上施加集中力的方式进行模拟, 如图 5.2 所示。对于全环对拉, 每个节点上施加的集中力计算为 4×2.88kN = 11.52kN。对于半环对拉, 顶部的三个荷载分配垫块处施加的集中力大小为 25.23kN, 在左右拱腰的 28° 范围内, 每个节点施加的集中力的大小为 4.70kN。数值仿真模型中的这种模拟方式可以准确地实现实际充水阶段围岩和外水压力对结构的影响, 从而为进一步的分析和设计提供可靠的数据。

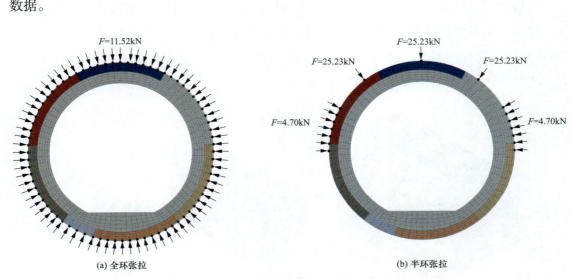

(a) 全环张拉　　　　　　　　　　　　　(b) 半环张拉

图 5.2　充水阶段外水及围岩压力

2. 预应力损失、有效预应力及降温值

各节段双层复合衬砌结构在钢绞线的充水阶段主要考虑四种预应力损失[4], 分别是锚具变形和钢筋内缩引起的预应力损失 σ_{l1}、孔道摩擦引起的预应力损失 σ_{l2}, 预应力钢筋应力松弛引起的预应力损失 σ_{l4} 以及混凝土收缩和徐变引起的预应力损失 σ_{l5}。不同种类钢绞线的预应力损失计算结果如图 5.3 (a) 和 5.3 (b) 所示。由于充水阶段考虑了更多的预应力损失种类, 导致总的预应力损失相较于张拉阶段增加, 因此有效预应力减小。

各节段不同类型钢绞线充水阶段预应力损失、有效预应力及降温值随角度的变化规律与张拉阶段一致。此外, 各阶段不同类型钢绞线的预应力损失、有效预应力及降温平均值见表 5.1, 预应力损失和有效预应力的排序也与张拉阶段相同 (详见 5.1.5 节)。

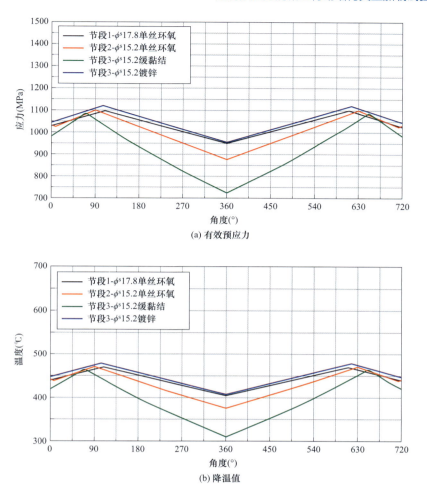

图 5.3　各节段不同类型钢绞线充水阶段预应力损失、有效预应力及降温值

表 5.1　各节段不同类型钢绞线充水阶段预应力损失及有效预应力

钢绞线类型	张拉控制应力（MPa）	σ_{l1}（MPa）	σ_{l2}（MPa）	σ_{l4}（MPa）	σ_{l5}（MPa）	有效预应力（MPa）	降温值（℃）
节段 1 ϕ^s17.8 单丝环氧	1272.94	19.40	116.19	44.55	60.57	1032.22	441.12
节段 2 ϕ^s15.2 单丝环氧	1293.58	18.49	161.27	45.28	56.00	1001.12	427.83
节段 3 ϕ^s15.2 缓黏结	1293.58	17.40	258.71	45.28	56.00	916.20	391.54
节段 3 ϕ^s15.2 镀锌	1293.58	18.79	126.26	45.28	56.00	1047.25	447.54

3. 内水压力

在盾构预应力衬砌结构中，内水压力的模拟采用随高程变化的法向面荷载，通过创建

解析式的方式来定义不同高度处的内水压力，这种模拟方式更贴近模型试验中内水压力的实际加载情况，从而可以更准确地分析结构在内水压力作用下的响应和行为[5]。具体地，内水压力计算见式（5.1）。

$$p_{\mathrm{h}} = -0.01y_{\mathrm{h}} + 1.45 \tag{5.1}$$

式中　　p_{h}——不同高程位置处的内水压力（MPa）；

　　　　y_{h}——不同高程位置处的 Y 方向坐标值（m）。

预应力衬砌的中心位置对应 $y_{\mathrm{h}} = 0$，顶部位置对应 $y_{\mathrm{h}} = 3.2\mathrm{m}$，底部位置对应 $y_{\mathrm{h}} = 2.83\mathrm{m}$。因此预应力衬砌中间位置处的内水压力为 1.45MPa，底部位置处的内水压力为 1.48MPa，而顶部位置处的内水压力为 1.42MPa，如图 5.4 所示。

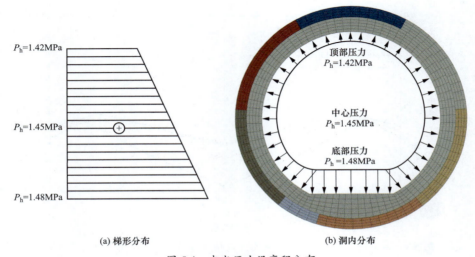

(a) 梯形分布　　　　　　　(b) 洞内分布

图 5.4　内水压力沿高程分布

4. 回填混凝土

回填混凝土在升温过程中由于受到温度上升而发生膨胀，这种膨胀受到周围预应力混凝土的约束作用，从而产生预压效果。在数值仿真模型中，在已知回填混凝土膨胀量的情况下，通过控制升温的温度，按照式（5.2）计算，可以模拟出回填混凝土的预压效果，从而更准确地模拟模型试验中的实际混凝土的回填情况[6,7]。

$$\Delta T = \frac{\Delta V}{\alpha} \tag{5.2}$$

式中　　ΔT——回填混凝土的温度变化量；

　　　　ΔV——回填混凝土的膨胀量；

　　　　α——回填混凝土的线膨胀系数。

为使回填混凝土产生与周围预应力混凝土相同的预压效果，需确保回填混凝土的膨胀

量达到 2.0×10^{-4}，因此需要将回填混凝土升温 20℃。

5.2 衬砌结构混凝土环向应力分析

5.2.1 钢筋计和混凝土计测试结果

不同内水压力下，节段 1 断面 1、节段 2 断面 2～4 以及节段 3 断面 5 内外层预应力衬砌环向应力实测值和数值仿真结果如图 5.5 和图 5.6 所示，实测值和数值仿真结果之间具有

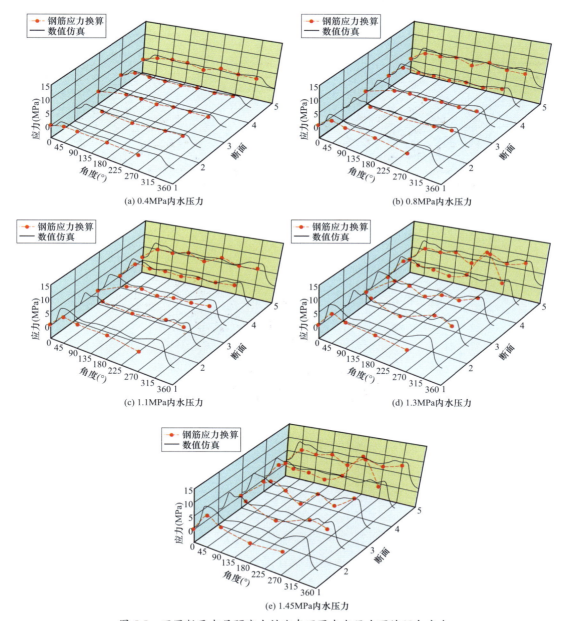

(a) 0.4MPa内水压力

(b) 0.8MPa内水压力

(c) 1.1MPa内水压力

(d) 1.3MPa内水压力

(e) 1.45MPa内水压力

图 5.5　不同断面内层预应力衬砌在不同内水压力下的环向应力

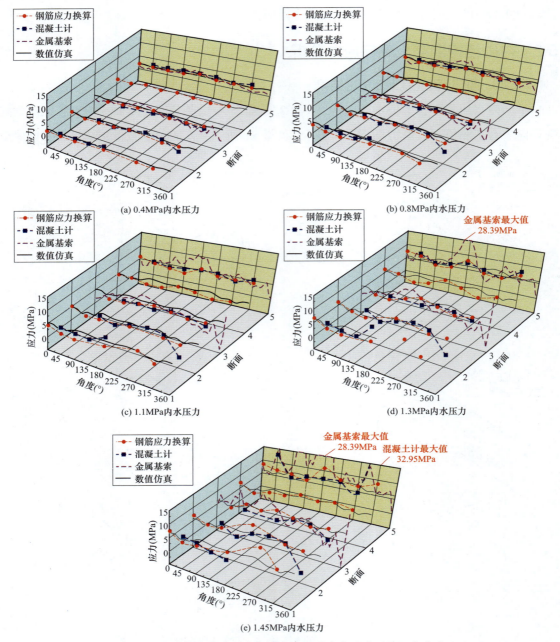

图 5.6　不同断面外层预应力衬砌在不同内水压力下的环向应力

较好的一致性。内层选取钢筋计应力换算结果与数值仿真结果进行对比，外层选取钢筋计应力换算结果、混凝土计实测值、金属基索状光纤实测值与数值仿真结果进行对比。不同内水压力下，各断面内层预应力衬砌环向应力变化量均在 45°和 315°达到最大，90°～270°范围内环向应力变化较为均匀。随着内水压力的增大，节段 1 断面 1 内层预应力衬砌环向应力实测变化量要小于数值仿真，是由于节段 1 施工现场钢绞线仅张拉到控制应力的 75%，预压应力未达到设计值所致。当内水压力达到 1.45MPa 时,断面 1～断面 5 全周实测平均值分别为 3.28MPa、5.77MPa、5.47MPa、6.57MPa 及 5.41MPa,全周数值仿真平均值分别为 7.65MPa、6.54MPa、7.04MPa、6.85MPa 及 6.90MPa。

外层预应力衬砌在内水压力小于 1.30MPa 时,各断面的环向应力变化量较小,当内水压力大于 1.30MPa 时,由于金属基索状光纤具有较高敏感性从而呈现应力变化较大的情况。当内水压力达到 1.45MPa 时,断面 1～断面 5 钢筋应力换算全周实测平均值分别为 7.21MPa、6.48MPa、6.53MPa、6.29MPa 及 8.71MPa。断面 1～3 和断面 5 混凝土计全周实测平均值分别为 5.64MPa、4.95MPa、5.15MPa、11.01MPa。断面 3 和断面 5 金属基索状光纤全周实测平均值分别为 6.70MPa 和 11.42MPa。数值仿真全周平均值分别为 7.31MPa、6.12MPa、6.64MPa、6.42MPa 及 6.54MPa。试验和数值仿真平均值表明外层预应力衬砌环向应力最大变化量在节段 3,其次是节段 1,最小是节段 2。节段 3 断面 5 混凝土计和金属基索光纤实测值变化较大,说明此断面可能发生了混凝土开裂。

在内水压力达到 1.10MPa 之前,内外层预应力衬砌的环向应力随着内水压力的增加呈线性增长的趋势,此阶段内外层预应力衬砌分担内水压力的比例不变。在内水压力达到 1.10～1.30MPa 时,内外层预应力衬砌的环向应力的变化速率具有差异性,内层钢筋的环向应力增长速率放缓,外层钢筋各角度处的环向应力增加速率均在加快。当内水压力达到 1.30～1.45MPa 之间时,内外层预应力衬砌的环向应力保持不变,外层钢筋的环向应力增长速率继续加快。

节段 1 断面 1、节段 2 断面 3 以及节段 3 断面 5 内外层预应力衬砌在不同内水压力下的环向应力变化量实测值与数值仿真结果如图 5.7 和图 5.8 所示。节段 1 由于现场试验钢绞线仅张拉控制应力的 75%,内外层预应力衬砌环向应力变化量实测值与数值仿真结果的差异要大于节段 2 和节段 3,节段 2 和节段 3 的实测值与数值仿真结果之间的一致性更好。

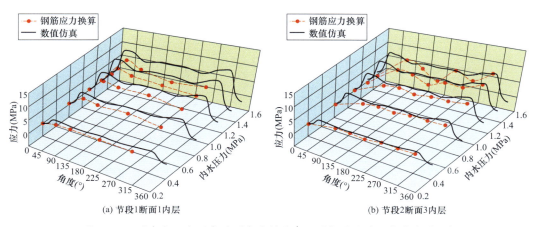

(a) 节段1断面1内层 (b) 节段2断面3内层

图 5.7 不同内水压力下内层预应力衬砌在不同断面处的环向应力(一)

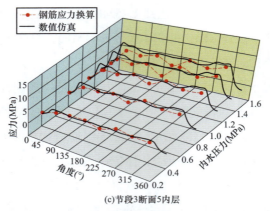

(c) 节段3断面5内层

图 5.7　不同内水压力下内层预应力衬砌在不同断面处的环向应力（二）

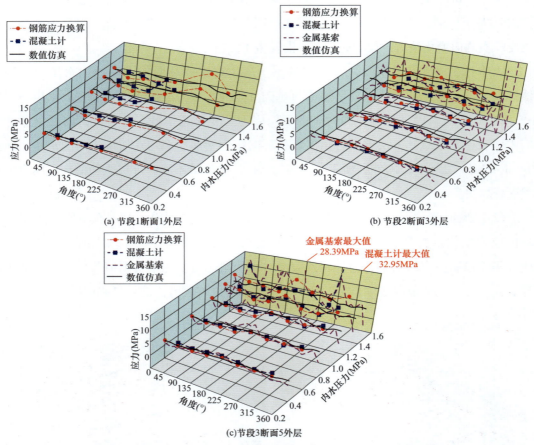

(a) 节段1断面1外层　　　　　　　　　(b) 节段2断面3外层

(c) 节段3断面5外层

图 5.8　不同内水压力下外层预应力衬砌在不同断面处的环向应力

随着内水压力的增加，各断面内外层预应力衬砌环向应力变化量逐渐增加，当内水压力到
1.45MPa 时，内外层环向应力变化量全周实测和数值仿真平均值达到最大，整体呈现向外膨
胀的趋势。内外层预应力衬砌在 45° 和 315° 位置处的环向应力变化最大，90°～270° 范围
内环向应力变化较小，说明锚具槽位置处的回填混凝土处受内水压力的影响较大，衬砌混

凝土上半拱部分受内水压力的影响较小。节段 3 断面 5 混凝土计和金属基索环向应力实测值在 45° 和 315° 处的变化量最大，说明这两处位置可能发生开裂。

在内水压力达到 1.45MPa 时，各断面内层预应力衬砌因充水所引起的环向应力增量实测值和数值仿真结果分别在 45°、315° 和 45° 处达到最大，最大实测结果分别为 6.63MPa、9.22MPa 和 7.57MPa，最大数值仿真结果分别为 10.2MPa、9.43MPa 和 8.99MPa。各断面外层预应力衬砌环向应力的变化随内水压力的增加整体波动较小，90°～270° 范围内的环向应力变化分别集中在 3.92～12.0MPa、4.72～8.23MPa 和 4.62～10.6MPa。

5.2.2　应变感测光缆（光纤）监测结果

管片内弧面采用定点式感测光缆以监测管片的环向变形情况，节段 1 断面 1、节段 2 断面 2～3 和节段 3 断面 5 在不同内水压力下的管片内弧面应力实测值与数值仿真结果如图 5.9 所示。节段 1 和节段 3 管片内弧面环向应力变化量实测值较节段 2 波动较大，环向应力数值仿真结果在 90° 和 270° 范围内变化较为均匀，集中在 0MPa 左右，在 90° 和 270° 处的环向应力变化量较大。当内水压力为 1.45MPa 时，各断面管片内弧面环向应力实测平均值分别为 26.87MPa、22.56MPa、2.89MPa、28.26MPa，数值仿真平均值分别为 0.37MPa、1.46MPa、1.14MPa 和 3.53MPa。节段 3 断面 5 由于预应力衬砌的开裂造成管片内弧面环向应力的实测值变化最大。不同内水压力下管片内弧面在不同断面处的环向应力如图 5.10 所示，随着内水压力的增大，除了 300° 附近，其他角度位置处管片内弧面呈现拉应力增大，呈现受拉膨胀的趋势。管片内弧面 300° 由于底座平台的约束作用，呈现出受压状态。

从应力分布来看，节段 1 断面 1 在右上拱（123°）、拱顶（187°）和左拱腰（262°）位置处出现了拉应力极值，这些位置分别对应临近管片 B1-L1、F-L2、L2-B4 接缝位置处。其中 F-L2（拱顶 187°）位置处的环向拉应力大于上述其他位置，当内水压力达到 1.45MPa 时，拉应力为 26.87MPa。节段 2 断面 3 在右拱腰（90°）、拱顶（173°）、左上拱（239°）和左下拱（313°）位置处出现了拉应力极值，这些位置分别对应临近管片 B1-L1 接缝、

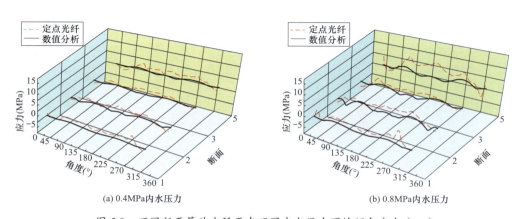

(a) 0.4MPa内水压力　　　　　　　　　(b) 0.8MPa内水压力

图 5.9　不同断面管片内弧面在不同内水压力下的环向应力（一）

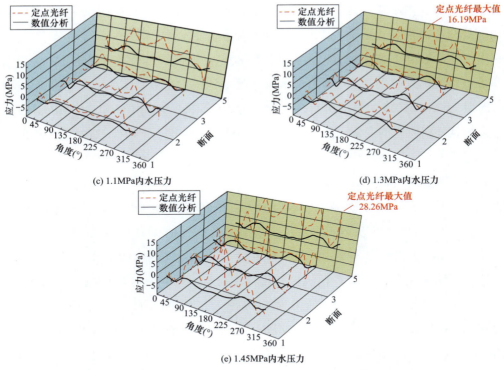

(c) 1.1MPa内水压力

(d) 1.3MPa内水压力

(e) 1.45MPa内水压力

图 5.9 不同断面管片内弧面在不同内水压力下的环向应力（二）

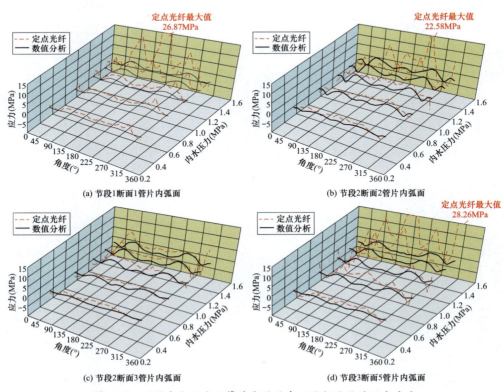

(a) 节段1断面1管片内弧面

(b) 节段2断面2管片内弧面

(c) 节段2断面3管片内弧面

(d) 节段3断面5管片内弧面

图 5.10 不同内水压力下管片内弧面在不同断面处的环向应力

L1–F 接缝、L2–B4 接缝和 B4–B3 接缝位置处。其中 B1–L1（90°）和 B4–B3（313°）接缝位置处的环向拉应力大于上述其他位置，当内水压达到 1.45MPa 时，拉应力分别为 6.48MPa 和 7.98MPa。节段 3 断面 5、节段 3 断面 5 在右下拱（67°）、右上拱（119°）、拱顶（202°）、左拱腰（265°）和右下拱（321°）位置处出现了拉应力极值，这些位置分别对应临近管片 B2–B1、B1–L1、F–L2、L2–B4、B4–B3 接缝位置处。其中 F–L2（拱顶 202°）位置处的环向拉应力大于上述其他位置，当内水压力达到 1.45MPa 时，拉应力为 28.26MPa。说明管片的环向变形主要发生在刚度较小的接缝位置，尤其是右拱腰和左下拱的节点处，而管片的应力一般较小。

在内水压力达到 1.10MPa 之前，管片内弧面应力保持不变，说明此时内水压力主要由预应力衬砌分担。当内水压力达到 1.10～1.30MPa 时，应力增长速率加快，说明此阶段内水压分担比例由预应力衬砌外层逐渐向管片过渡，管片分担内水压力的比例开始增加。当内水压力达到 1.30～1.45MPa 时，管片内弧面应力增长速率继续加快。

5.3 衬砌结构混凝土径向受力分析

5.3.1 管片螺栓应力和测缝计监测

由于接缝位置处的刚度较小，与接缝相关的控制指标也被用作判断结构失效的标准。节段 1 断面 1、节段 2 断面 3 和节段 3 断面 5 管片环向螺栓径向应力和管片环向张开量的实测和数值仿真结果如图 5.11 和图 5.12 所示，各断面管片螺栓应力、环向张开量和数值仿真结果具有较高的一致。

节段 1 断面 1 管片螺栓应力实测值和数值仿真结果均在 –6～0MPa 之间波动，环向张开量去除 B1–L1 接缝处，实测值和数值仿真结果均在 –0.03～0.1mm 之间波动。在内水压力达到 1.20MPa 之前，L2–B4 的螺栓应力基本不变。

当内水压力达到 1.20～1.45MPa 时，L2–B4 的螺栓应力开始增加，说明此时螺栓开始起到约束管片向外膨胀的趋势。随着内水压力的增加，除 B1–L1 接缝位置处的张开量增大外，其余位置处基本不变。当内水压力达到 1.30～1.45MPa 时，L1–F 和 L2–B4 接缝位置处的张开量逐渐增加。B1–L1 接缝张开量达到最大，最大值为 0.4mm。在内水压力加载过程中，相邻内压加载阶段之间的最大波动为 0.38mm。拱顶接缝张开幅度大于其他位置。在内水压力的加载过程中，螺栓拉应力最大为 6.16MPa，远低于 450MPa 的螺栓屈服强度。同时，整个加载过程中最大接缝张开量仅为 0.38mm，远低于 2mm 的极限值，说明管片衬砌具有足够的安全性。

节段 2 断面 3 随着内水压力的增加，管片螺栓应力呈现先不变后增加的趋势，实测值和数值仿真结果均在 –2.61～9.37MPa 之间波动，管片环向张开量基本不变，实测值和数

值仿真结果均在 −0.04～0.01mm 之间。当内水压力达到 0.80～1.10MPa 时，L2−B4 螺栓
应力保持线性增加，说明此时螺栓开始起到约束管片向外膨胀的趋势。当内水压力达到
1.10～1.30MPa 时，L2−B4 螺栓应力继续增加，对应于管片衬砌左上拱位置处的应力响应
区域，表明管片衬砌承担内水压力的比例开始增加。当内水压力达到 1.30～1.45MPa 时，
L2−B4 螺栓应力增加速率继续加快。

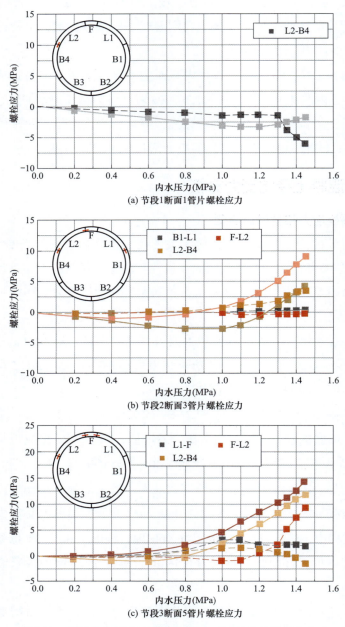

(a) 节段1断面1管片螺栓应力

(b) 节段2断面3管片螺栓应力

(c) 节段3断面5管片螺栓应力

图 5.11　不同内水压力下管片螺栓在不同断面处的径向应力

注：图中实线表示数值仿真结果，虚线表示实测值。

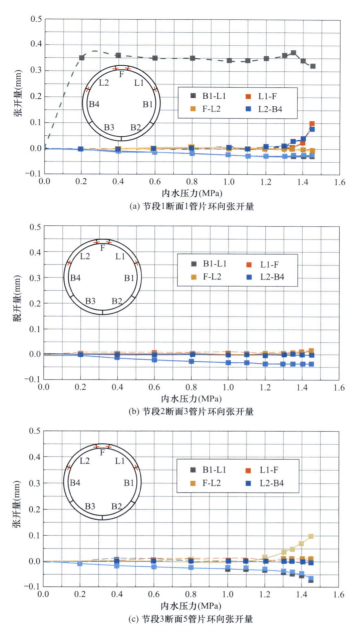

图 5.12　不同内水压力下管片在不同断面处的环向张开量

注：图中实线表示数值仿真结果，虚线表示实测数值。

　　管片环向接缝张开量随内水压力的增加整体不变，其中 B1-L1 接缝张开量大于其他角度处，其最大张开量为 0.05mm。当内水压力达到 1.10MPa 时，B1-L1 接缝张开量有所增加，对应预应力衬砌在此处位置处的环向拉应力增高。在内水压力加载过程中，相邻内压加载阶段之间的最大波动为 0.01mm。左上拱接缝张开幅度大于其他位置。当内水压达到最大值 1.45MPa 时，螺栓拉应力最大为 4.78MPa，远低于 450MPa 的螺栓屈服强度。同时，整个加载过程中最大接缝张开量仅为 0.05mm，远低于 2mm 的极限值，说明管片衬砌具有足够的安全性。

节段 3 断面 5 随着内水压力的增加，管片螺栓应力呈现先不变后增加的趋势，实测值和数值仿真结果均在 −1.0～14.3MPa 之间波动，管片环向张开量基本不变，实测值和数值仿真结果均在 −0.07～0.1mm 之间。当内水压力达到 0.80～1.10MPa 时，L1−F 和 L2−B4 的螺栓应力保持线性增加，说明此时螺栓开始起到约束管片向外膨胀的趋势。当内水压力达到 1.10～1.30MPa 时，L1−F 和 L2−B4 的螺栓应力有所下降，F−L2 的螺栓应力增长速率加快，对应于管片衬砌拱顶位置处的应力响应区域，表明管片衬砌承担内水压力的比例开始增加。当内水压力达到 1.30～1.45MPa 时，F−L2 的螺栓应力增加速率继续加快，管片衬砌内外表面的应力重新分布。

管片环向接缝张开量随内水压力的增加整体不变，其中 L1−F 接缝张开量大于其他角度处，其最大张开量为 0.06mm。在内水压力加载过程中，相邻内压加载阶段之间的最大波动为 0.01mm。拱顶接缝张开幅度大于其他位置，对应于管片衬砌的应力重分布区域。当内水压达到最大值 1.45MPa 时，螺栓拉应力最大为 9.28MPa，远低于 450MPa 的螺栓屈服强度。同时，整个加载过程中最大接缝张开量仅为 0.06mm，远低于 2mm 的极限值，说明管片衬砌具有足够的安全性。

5.3.2 管片衬砌与预应力衬砌间脱开量

在内水压力达到 1.45MPa 时，节段 1 断面 1 和节段 2 断面 2～3 处管片衬砌与预应力衬砌之间的脱开量实测值与数值仿真结果如图 5.13 所示，实测和数值模拟结果之间具有较高的一致性。充水阶段内外衬砌间随角度变化的脱开量分布规律与钢绞线张拉时一致，各节段管片衬砌与预应力衬砌之间的脱开量，均在 105° 和 255° 附近处达到最大，180° 处最小。45° 和 90° 处张开量基本为 0mm 且保持不变，90° 处张开量在钢绞线的张拉过程中略大于 45° 处，说明这两处受重力和底座平台的约束影响较大。

节段 2 断面 3 在不同内水压力下的管片衬砌与预应力衬砌间的脱开量实测值与数值仿真结果如图 5.14 所示。管片衬砌与预应力衬砌间整体张开量随着内水压力的增加而逐渐减小，呈向外膨胀的趋势。数值仿真结果表明 105° 处内外衬砌之间的张开量减小速率最大，是因为内外衬砌间受钢绞线张拉作用的影响留有缝隙。当内水压力达到 1.45MPa 时，105° 和 255° 处的脱开为 0.40mm。实测值表明，在内水压力达到 1.10MPa 之前，180° 和 135° 内外衬砌间的张开量呈线性下降，说明此时内外衬砌分担内水压力的比例基本不变。当内水压力达到 1.10～1.30MPa 时，除 90° 外各角度张开量下降速率加快，说明此时内外衬砌分担内水压力的比例开始发生改变。当内水压力到 1.30～1.45MPa 时，内外衬砌间各角度张开量出现放缓甚至下降。

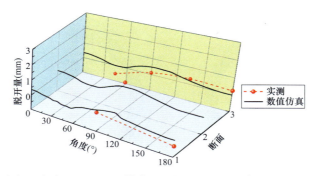

图 5.13　内水压力为 1.45MPa 时管片衬砌与预应力衬砌在不同断面处的脱开量

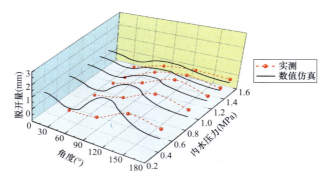

图 5.14　不同内水压力下节段 2 断面 3 管片衬砌与预应力衬砌径向脱开量

　　节段 1 断面 1 和节段 2 断面 2～3 处管片衬砌与预应力衬砌在钢绞线张拉完成后的数值仿真变形如图 5.15～图 5.17 所示，各断面内衬混凝土由于受到钢绞线的张拉约束作用，其变形呈现向外膨胀的趋势。断面 1～3 均在 105° 和 225° 处的脱开量最大，45° 处由于受重力和底座平台约束的作用，其脱开量最小。断面 1 和断面 3 在 105° 和 225° 处的脱开量大于断面 2 处，是由于在钢绞线张拉完成时，节段 1 断面 1 处管片衬砌与预应力衬砌间的脱开量最大，节段 3 次之，节段 2 最小。

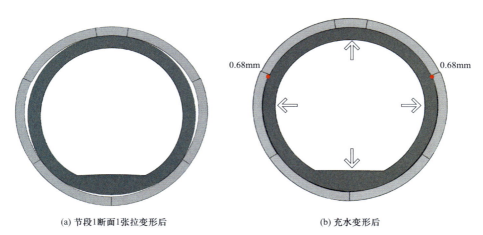

(a) 节段1断面1张拉变形后　　　　　　　(b) 充水变形后

图 5.15　节段 1 断面 1 因充水导致的结构变形

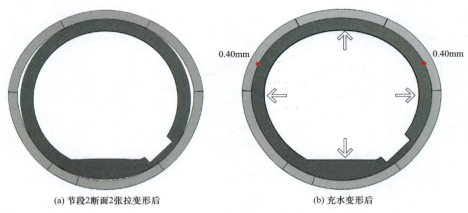

(a) 节段2断面2张拉变形后　　　　　　　　(b) 充水变形后

图 5.16　节段 2 断面 2 因充水导致的结构变形

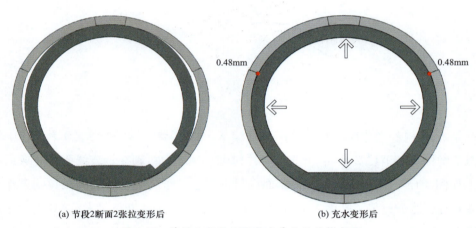

(a) 节段2断面2张拉变形后　　　　　　　　(b) 充水变形后

图 5.17　节段 2 断面 3 因充水导致的结构变形

5.3.3　混凝土计测试结果

在内水压力为 1.45MPa 时，节段 2 断面 3～4 和节段 3 断面 5 预应力衬砌径向应力实测值与数值仿真结果如图 5.18 所示，实测和数值模拟结果之间具有较好的一致性。预应力衬砌各断面径向应力基本在 0MPa，说明充水对径向应力的影响较小。断面 3～断面 5 径向应力实测平均值分别为 −1.15MPa、−0.48MPa、−2.56MPa，数值仿真平均值分别为 −0.62MPa、−0.34MPa 和 −0.32MPa。节段 3 断面 5 由于衬砌混凝土的开裂导致径向应力 0° 和 225° 处有较大波动。

节段 2 断面 3 和节段 3 断面 5 不同内水压力下的预应力衬砌径向应力如图 5.19 所示。预应力衬砌径向应力随着内水压力的增加而减小，但其整体波动较小，与上述环向混凝土计实测数据变化规律相反，说明内水压力能抵消钢绞线张拉所引起的径向受拉作用。节段 3 断面 5 径向应力在内水压力超过 1.1MPa 时，在 0° 和 225° 出现较大波动，说明此时衬砌混凝土发生了开裂造成了应力重分布。45° 和 315° 处由于锚具槽回填混凝土与预应力衬砌混凝土之间的差异，此两处的径向应力数值仿真结果出现了较小程度的波动。当内水压力为 1.45MPa 时，节段 2 断面 3 径向应力实测值和数值仿真结果处于受压状态，均在 −1.65～0MPa 之间，节段 3 断面 5 除 225° 外均在 −1.34～0MPa 之间。

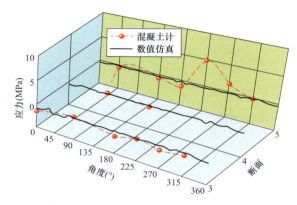

图 5.18 内水压力为 1.45MPa 时不同断面预应力衬砌径向应力

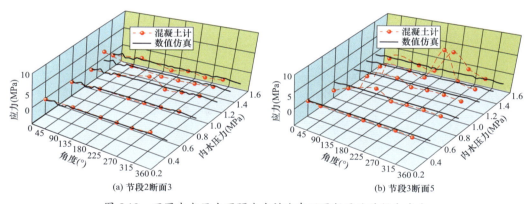

(a) 节段2断面3　　　　　　　　　　　　　　(b) 节段3断面5

图 5.19 不同内水压力下预应力衬砌在不同断面处的径向应力

5.3.4 预应力钢筋径向应力分析

节段 2 断面 3 内外层和节段 3 断面 5 内层钢绞线径向应力实测值与数值仿真结果如图 5.20 和图 5.21 所示。节段 2 断面 3 内外层预应力钢绞线径向应实测平均值分别为 26.89MPa 和 27.26MPa，数值仿真平均值为 25.16MPa，23.64MPa，实测与数值仿真结果差异较小。随着内水压力的增加，内外层预应力钢绞线的拉应力整体呈增加趋势，内层钢绞线应力波动比外侧大。外层 225° 位置处钢绞线应力波动较大，最大波动值为 176.43MPa，其余位置处应力波动较小。钢绞线实测结果表明，在内水压力达到 1.10MPa 之前，内外层钢绞线拉应力呈线性增长，除 135° 外，其他角度位置处各加载阶段应力波动均在 8MPa 以内，说明内水压力在此阶段对内外层预应力钢绞线的影响较小。当内水压力达到 1.10～1.30MPa 之间，个别位置处应力增长速率加快，表明此阶段预应力衬砌内水压力的分担比例发生改变。当内水压力达到 1.30～1.45MPa 之间，外层钢绞线应力波动较大。

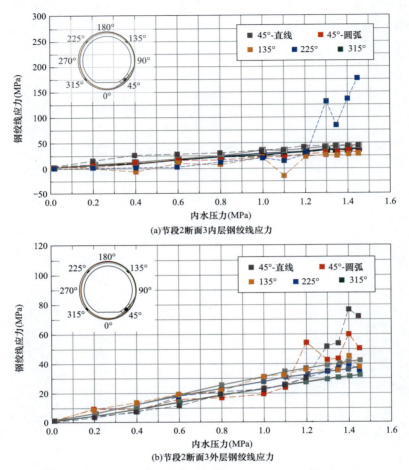

(a)节段2断面3内层钢绞线应力

(b)节段2断面3外层钢绞线应力

图 5.20 节段 2 断面 3 内外层钢绞线径向预应力

注：图中实线表示数值仿真结果，虚线表示实测数值

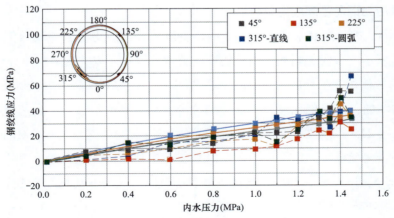

图 5.21 节段 3 断面 5 内层钢绞线径向预应力

注：图中实线表示数值仿真结果，虚线表示实测数值

节段 3 断面 9 内层钢绞线径向应力实测平均值 20.81MPa，数值仿真平均值为 22.98MPa，实测与数值仿真结果差异较小。随着内水压力的增加。内层钢绞线各角度处的应力波动较为一致，最大为 68MPa。在内水压力达到 1.10MPa 之前，内外层钢绞线拉应力呈线性增长，其他角度位置处各加载阶段应力波动均在 15MPa 以内，说明内水压力在此阶段对内外层预应力钢绞线的影响较小。当内水压力达到 1.10~1.30MPa 之间，各位置处应力增长速率加快，表明此阶段预应力衬砌内水压力的分担比例发生改变。当内水压力达到 1.30~1.45MPa 之间，内层钢绞线应力波动较大，是由于预应力衬砌的应力重新分布所致。

5.4 衬砌结构混凝土轴向受力分析

节段 2 预应力衬砌沿纵向 90° 方向和 180° 方向的纵向应力实测值和数值仿真结果如图 5.22 和图 5.23 所示，纵向应力实测值和数值仿真结果之间具有较好的一致性。随着内水压力的增加，90° 和 180° 位置处的纵向应力均出现下降趋势，说明充水效应有助于抵消张拉所引起的受拉作用。

随着内水压力的增加，预应力衬砌沿 90° 方向的纵向应力两端处逐渐减小，中间处逐渐增大，呈往上凸起的趋势。当内水压力达到 1.45MPa 时，中间断面处的纵向应力达到最大值 0.22MPa，两端处达到最小值 −1.04MPa。当内水压力为 0.2~1.45MPa 时，各级内水压力下纵向应力实测平均值分别为 −0.07MPa、−0.14MPa、−0.24MPa、−0.32MPa、−0.43MPa、−0.56MPa、−0.87MPa、−0.96MPa、−0.77MPa、−0.69MPa 和 −0.56MPa，数值仿真平均值分别为 −0.07MPa、−0.12MPa、−0.23MPa、−0.31MPa、−0.43MPa、−0.55MPa、0.87MPa、−0.96MPa、−1.0MPa、−1.09MPa 和 −1.19MPa。当内水压力超过 1.3MPa 时，纵向应力平均值

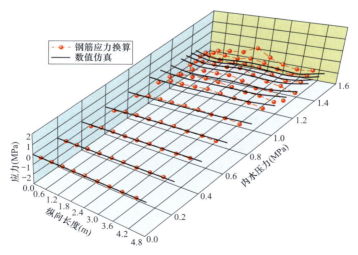

图 5.22   不同内水压力下预应力衬砌 90° 方向处的纵向应力

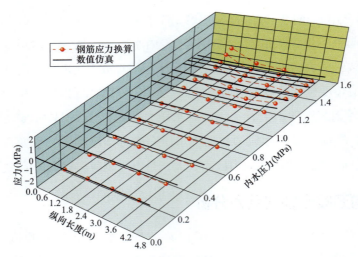

图 5.23　不同内水压力下预应力衬砌 180° 方向处的纵向应力

开始增大，而数值仿真平均值则继续下降，这是由于在现场加压试验中，从 1.3MPa 开始出现内水外渗现象，导致内压进一步增加较为困难。

　　随着内水压力的增加，预应力衬砌沿纵向 180° 方向的纵向应力实测值呈现从一端头到另一端头逐渐下降的趋势。当内水压力为 1.45MPa 时，距离端头 4.4m 处的纵向应力达到最小值 −1.84MPa。当内水压力为 0.2～1.45MPa 时，各级内水压力下纵向应力实测平均值分别为 −0.43MPa、−0.60MPa、−0.72MPa、−0.73MPa、−0.96MPa、−1.01MPa、−1.36MPa、−1.46MPa、−1.39MPa、−1.20MPa 和 −1.07MPa，数值仿真平均值分别为 −0.15MPa、−0.27MPa、−0.34MPa、−0.43MPa、−0.56MPa、−0.67MPa、−0.98MPa、−1.08MPa、−1.12MPa、−1.22MPa 和 −1.31MPa。与 90° 方向的纵向应力分布规律一致，当内水压力超过 1.3MPa 时，纵向应力平均值开始增大，而数值仿真平均值则继续下降。

　　对节段 2 的两个端部断面和中间断面处的纵向应力实测值和数值仿真结果进行对比，如图 5.24 所示，预应力衬砌纵向实测值和数值仿真结果之间具有较好的一致性。随着内水压力的增加，预应力衬砌各断面 90° 和 180° 处纵向应力整体呈现下降的趋势。中间断面 180° 处及 4.4m 边跨断面 90° 和 180° 处的纵向应力实测值与数值仿真结果存在较大差异。主要原因是在混凝土施工浇筑阶段，混凝土从 0.4m 边跨位置开始浇筑，逐渐向中部和另一端扩散，导致 0.4m 边跨位置的浇筑质量较好。同时，由于顶部 180° 处泵送混凝土较为困难，且缺乏人工振捣，导致该处混凝土密度较低。

　　在内水压力达到 1.10MPa 之前，各断面预应力衬砌纵向应力呈线性下降趋势。在内水压力达到 1.10～1.30MPa 之间，预应力衬砌纵向应力下降速率加快。在内水压力到 1.30～1.45MPa 之间，内层预应力衬砌纵向应力上升，是由于模拟试验现场的内水外渗现象

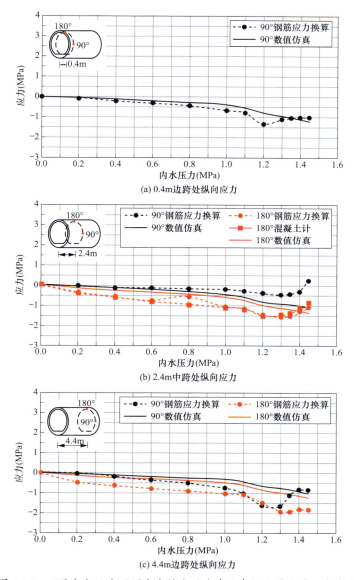

图 5.24　不同内水压力下预应力衬砌两边跨及中间位置处的纵向应力

导致。在内水压力为 1.30MPa 时，距离端头 4.4m 处的 90° 和 180° 方向处的纵向实测值达到全截面的最大，最大值分别为 −1.70MPa 和 −1.94MPa，此时充水效应的抵消作用达到最大。

参考文献

　　[1] 李越，阮欣，霍宁宁. 微膨胀混凝土早期收缩试验与数值分析 [J]. 同济大学学报：自然科学版，2023, 51(5): 696−705.

　　[2] 王鹰宇. Abaqus 分析用户手册 − 指定条件、约束与相互作用卷 [M]. 北京：机械工业出版社，2019.

［3］孙清华，邓金根，李玉梅，等．单元生死功能数值法在井壁稳定中的应用［J］．大庆石油地质与开发，2013, 32(6): 170-174.

［4］赵顺波，李晓克，严振瑞，等．环形高效预应力混凝土技术与工程应用［M］．北京：科学出版社，2008.

［5］刘洋宇．基于压力梯度光滑的流固界面数据传递方法研究［D］．北京：北京交通大学，2023.

［6］陈建龙，李世斌，张建军，等．微膨胀自密实混凝土在敦化电站平洞段钢衬中的试验应用［J］．科技创新与应用，2021 (10): 173-178.

［7］杨文倩，封坤，张朝月，等．基于混凝土高温塑性本构的盾构隧道火灾数值模拟研究［J］．现代隧道技术，2024, 61(S1): 834-844.

第 6 章

隧洞预应力混凝土衬砌
锚具槽优化设计

　　本章基于变截面免拆模板锚具槽的设计，提出了两种改进的锚具槽成形方式，即预制装配式等宽度免拆模板锚具槽和整体预制式免拆模板锚具槽，有效解决了变截面锚具槽在制作和安装过程中的问题。在此基础上，建立有限元数值模型，对锚具槽的内力特性进行了对比分析。结果表明，两种免拆模板锚具槽能够显著提高结构的安全性和耐久性，避免衬砌混凝土沿锚具槽角部开裂，从而增强混凝土锚具槽的抗裂性能。通过施工工艺的对比分析，进一步明确了两种锚具槽模板的不同适用条件，为实际工程应用提供了优化建议。

6.1　变截面免拆模板锚具槽模板的问题

在制作预制装配式变截面免拆模板锚具槽侧模板时，发现大宽面到小宽面的拐角过渡处是薄弱点，拆模时很容易将侧模板折断或者存在一些微小的裂缝，从而影响锚具槽整体的性能。同时，在原型试验施工现场安装预制装配式变截面免拆模板锚具槽时，发现存在着一些技术难点，即锚具槽位置处在衬砌混凝土下半环倾斜位置，预制装配式变截面免拆模板又是分片预制，在施工现场操作空间有限的情况下，侧模板的拐角部位导致其在拼装时，榫形卡口不好精确对准，卡口出现卡不密实现象，需要用环氧砂浆进行填缝处理。为此，本章在原有的常规锚具槽和变截面免拆模板锚具槽设计的基础之上，针对上述问题，进行再次优化，提出预制装配式等宽度免拆模板锚具槽和整体预制式免拆模板锚具槽两种新型锚具槽[1]。

6.2　矩形预制装配式免拆模板设计与制作

6.2.1　设计方法

为解决侧面免拆模板拼装困难的问题，将侧模板的变截面改为等宽度。为进一步增大锚具槽对回填膨胀性混凝土的约束作用，槽口四周模板均向口内倾斜而形成缩口，提高回填混凝土与衬砌混凝土结构的黏结锚固性能。为此，在满足锚具槽基本尺寸要求的基础上，提出锚具槽预制装配式等宽度免拆模板的设计基本原则：

（1）满足张拉需求的最小尺寸，以有利于槽口附近局部应力分布。长度以保证张拉千斤顶不接触衬砌混凝土为基本条件、宽度满足环锚锚具安放需求，高度满足环锚锚具安放需求的同时，也要使得锚具距离槽口的距离满足最小保护层厚度。

（2）回填混凝土与槽口内壁可靠嵌固黏结。槽口四周模板向口内倾斜而形成缩口，以利于对回填膨胀性混凝土形成约束，锚具槽的张拉端和锚固端内表面所在的平面需穿过衬砌厚度的1/2；同时对槽口内壁进行毛化粗糙处理，以利于增加黏结界面的嵌固能力[2,3]。

按此原则设置的锚具槽形状如图6.1所示，其环向展开图、径向剖面图和环向剖面图如图6.2所示。

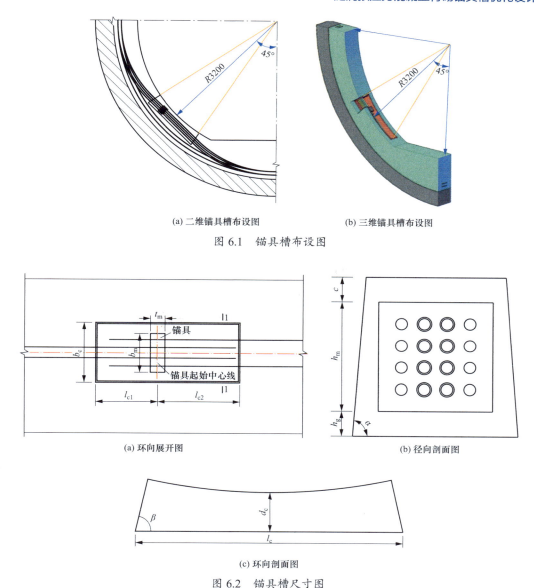

(a) 二维锚具槽布设图　　　(b) 三维锚具槽布设图

图 6.1　锚具槽布设图

(a) 环向展开图　　　(b) 径向剖面图

(c) 环向剖面图

图 6.2　锚具槽尺寸图

缩口形预制装配式等宽度免拆模板锚具槽底面空间尺寸的计算公式在锚具槽基本尺寸和变截面免拆模板锚具槽计算公式的基础上进行改进，改进的公式如下

$$b_c = b_m + \frac{h_m + h_g}{\tan(\alpha)} \times 2 + 25 \qquad (6.1)$$

外部空间尺寸则在内部尺寸的基础上加上相应的免拆模板的厚度即可。

图中 β 为端面与衬砌中心所在平面与底面的夹角；其余参数的意义同预制装配式变截面免拆模板设计原则中的说明。

在施工现场统计了每个锚具槽在张拉完预应力钢绞线后，锚具的最大滑移量为156mm。设计规定，在张拉预应力钢绞线之前，锚具与锚具槽锚固端的距离控制在300mm，而施工现场存在较大的施工误差，锚具在经过张拉滑移之后，锚具与锚固端边缘的距离大大减小，增大了锚具和预应力钢筋防腐处理保护的施工难度，因此在预制装配式变截面免拆模板锚具槽所确定出来的锚具槽总尺寸的基础上，将锚具槽总长度加长100mm，即预制装配式等宽度免拆模板锚具槽总长 × 宽 × 高为1500mm×250mm×230mm。

6.2.2 制作方案

装配式等宽度免拆模板的组装方案依然采用外大内小的榫形相互咬合形成锚具槽，装配成形后的锚具槽如图6.3所示。

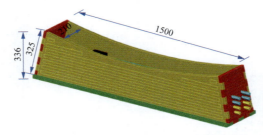

图6.3 预制装配式等宽度免拆模板锚具槽拼装成品图

制作装配式等宽度免拆模板的原材料同样选用超高韧性细石混凝土，且模板表面也同装配式变截面免拆模板一样进行毛化处理。等宽度锚具槽装配预制构件共包括：

（1）沿衬砌环向的侧模板，为直线形下边、弧线形上边、斜坡形侧边等厚度预制板，两端和下边设置榫形卡口［见图6.4（a）］；

（2）沿衬砌环向的底模板，为等厚度平板，沿四周设置榫形卡口［见图6.4（b）］；

（3）两侧端模板，按照张拉端钢绞线位置布设穿线孔，两侧和底边设置榫形卡口，向内倾斜上升［见图6.4（c）和图6.4（d）］。

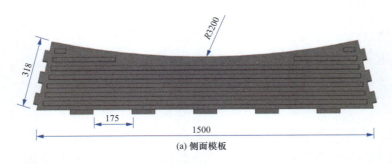

(a) 侧面模板

图6.4 等宽度锚具槽模板预制件（一）

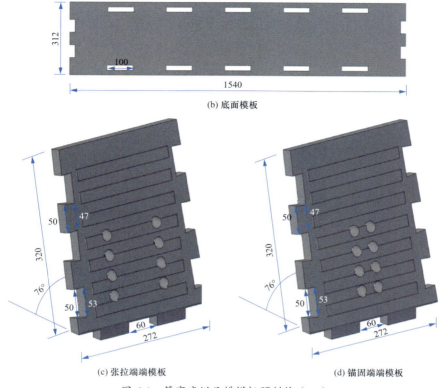

(b) 底面模板

(c) 张拉端端模板　　　　　　　　(d) 锚固端端模板

图 6.4　等宽度锚具槽模板预制件（二）

待预制模板通过榫形卡口连接成整体，即可按其设计位置固定在衬砌构造用钢筋上；待放入环锚锚具、穿入钢绞线之后，再用预制的 3mm 厚弧形顶面钢模板（见图 6.5）封口。在衬砌混凝土浇筑成形之后，掀开顶面钢模板，即可形成锚具槽，并按工序开展后续张拉锚固施工。

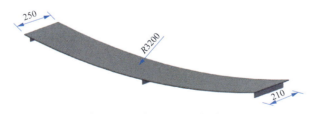

图 6.5　预制弧形顶面钢模板

6.3　矩形整体预制式免拆模板设计与制作

6.3.1　设计方法

为避免装配式免拆模板锚具槽在拼装模板时，榫形卡口存在卡不密实现象，需要用环氧砂浆进行填缝处理。为此，根据施工时存在的难点，结合预制装配式等宽度免拆模板锚具槽的尺寸和形状，设计出整体预制式免拆模板锚具槽成形方式来代替分片预制装配式免拆模板锚具槽成形方式。与分片预制装配式免拆模板锚具槽相比，整体预制式免拆模板锚具槽存在以下优点：

（1）将分片预制的方式改为整体预制的方式，从而避免用环氧砂浆来填充锚具槽出现不密实的部位，节约工程成本。

（2）将锚具槽的角部部位、端面与底面交接部位、侧面与底面交接部位进行倒圆角过渡处理，减小槽壁拉应力及应力集中现象。

根据以上优点，提出以下两条整体预制式免拆模板锚具槽的设计原则：

（1）长度要满足张拉需求的最小尺寸，以有利于槽口附近局部应力分布。宽度满足环锚锚具安放需求。

（2）回填混凝土与槽口内壁可靠嵌固黏结，减少应力集中。锚具槽的角部部位、端面与底面交接部位、侧面与底面交接部位进行倒角处理，倒角半径以不妨碍钢绞线穿孔为基本条件，以此来减少锚具槽边缘部位处的应力集中现象；同时对槽口内、外表面进行毛化粗糙处理，以利于增加黏结界面的嵌固能力。

按此原则设置的整体预制式免拆模板锚具槽形状如图 6.6 所示，其环向展开图、径向剖面图、环向剖面图如图 6.7 所示。图中：r 为端面与侧面的倒圆半径，其值不能超过钢绞线边缘至侧面的垂直距离；r_{cd} 为侧面与底面的倒圆半径；r_{dd} 为端面与底面的倒圆半径，其值不能超过钢绞线边缘至底部的垂直距离；其余参数的意义同预制装配式变截面免拆模板设计原则中的说明。

缩口形整体预制式免拆模板锚具槽底面空间尺寸的计算规则同预制装配式等宽面免拆模板锚具槽。

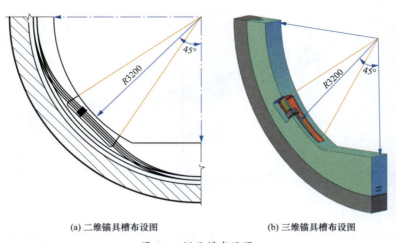

(a) 二维锚具槽布设图　　　　　　(b) 三维锚具槽布设图

图 6.6　锚具槽布设图

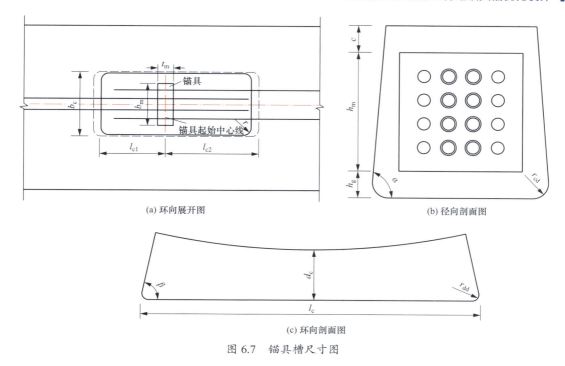

(a) 环向展开图   (b) 径向剖面图

(c) 环向剖面图

图 6.7 锚具槽尺寸图

在预制装配式等宽度免拆模板锚具槽的尺寸基础上，由于施工现场使用的锚具宽高厚分别为 160mm、148mm、120mm，所以在不影响钢绞线定位穿孔的前提下，端面与侧面的倒圆半径 r 取 30mm，侧面与底面的倒圆半径 r_{cd} 取 30mm，端面与底面的倒圆半径 r_{dd} 取 30mm。成形后的整体预制式免拆模板锚具槽如图 6.8 所示。

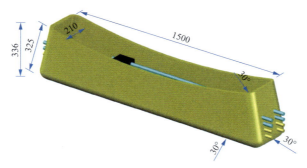

图 6.8 整体预制式免拆模板锚具槽成品图

6.3.2 制作方案

整体预制式免拆模板采用倒置浇筑法进行锚具槽浇筑成形，且制作整体预制式免拆模板的原材料同样选用超高韧性细石混凝土。

倒置浇筑法需要制备一个与弧形槽口共弧的台座，如图 6.9 所示，在台座上标注出内、外表面钢模板的安装位置，方便内、外表面钢模板的定位。安装采用可伸缩撑杆进行支撑的内表面钢模板（见图 6.12 蓝色部分），在拆模时只需将撑杆进行收缩，撑杆带动内表面钢模板进行收拢，使得模板与混凝土脱离，达到拆模的目的。外表面钢模板采用 6mm 螺栓对接的形式进行拼接（见图 6.12 红色部分），拼接节点图如图 6.10 所示。内表面和外表面均有防滑的凹凸花纹的钢模板，钢模板花纹如图 6.11 所示。组成的整体预制式免拆模板倒置浇筑图如图 6.12 所示。

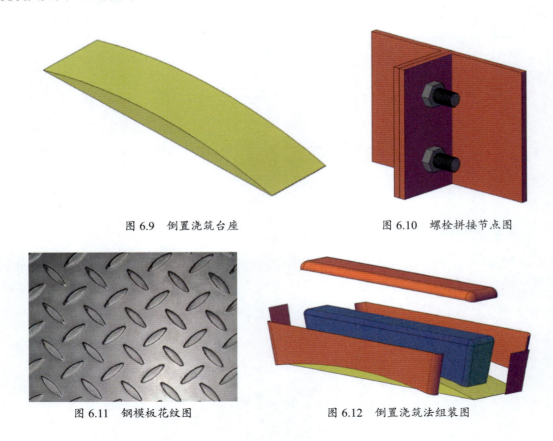

图 6.9 倒置浇筑台座 　　　　　　　　 图 6.10 螺栓拼接节点图

图 6.11 钢模板花纹图 　　　　　　　　 图 6.12 倒置浇筑法组装图

6.4 数值模拟分析

6.4.1 预制装配式

1. 数值仿真模型

由于本节只涉及预制装配式等宽度免拆模板锚具槽的受力状态，故在锚具槽的作用范围内，建立了预制装配式等宽度免拆模板锚具槽所在的一环，有限元单元剖分计算模型和免拆模板锚具槽计算模型如图 6.13 和图 6.14 所示。

图 6.13　锚具槽三维有限元计算模型　　图 6.14　免拆模板锚具槽计算模型

2. 数值仿真结果分析

预应力钢绞线张拉完成后，衬砌混凝土锚具槽区域环向应力云图、以钢绞线所在面的等截面免拆模板锚具槽区域环向应力云图和等宽度免拆模板锚具槽环向应力云图和如图 6.15～图 6.17 所示，应力值符号规则同常规锚具槽一样。

由图 6.15 可知，预制装配式等宽度免拆模板锚具槽与常规锚具槽应力区域的环向应力分布也同样有相同之处，在预制装配式等宽度免拆模板锚具槽应力区域中，衬砌混凝土结构最大环向压应力发生在下端面角部位置，大小为 13.8MPa；在衬砌混凝土底部中心位置处，出现了大小为 1.16MPa 的环向拉应力。在锚具槽部位，以免拆模板的内外表面为界限，分析预制装配式等宽度免拆模板锚具槽附近的应力变化。

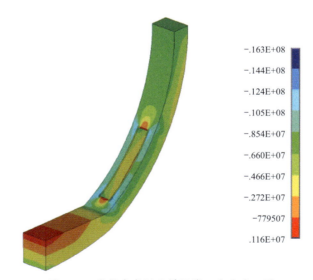

	-.163E+08
	-.144E+08
	-.124E+08
	-.105E+08
	-.854E+07
	-.660E+07
	-.466E+07
	-.272E+07
	-779507
	.116E+07

图 6.15　张拉完成锚具槽区域环向应力云图

由图 6.16 可知，在预制装配式等宽度免拆模板锚具槽的下端面模板外表面以外的衬砌混凝土，均处在受压状态。随着向底部平直段靠拢，其环向压应力逐渐增大，在圆弧段与底部平直段的拐角点处，环向压应力达到最大值 8.58MPa。在预制装配式等宽度免拆模板锚具槽的上端面模板外表面以外的衬砌混凝土处在受压状态，其最小环向压应力出现在衬砌混凝土与上端面免拆模板黏结界面的上角位置处，大小为 0.19MPa。随着向衬砌腰部靠拢，其环向压应力逐渐增大。在预制装配式等宽度免拆模板锚具槽的底面免拆模板外表面以外的衬砌混凝土处在受压状态，其压应力随着衬砌厚度的变化，由外侧向内侧逐渐增大。预制装配式免拆模板下端面模板外表面与衬砌混凝土黏结界面的平均环向压应力约为 7.15MPa，内表面与微膨胀混凝土黏结界面的平均环向压应力约为 5.99MPa，上端面免拆模板外表面与衬砌混凝土黏结界面的平均环向压应力约为 7.44MPa，内表面与微膨胀混凝土黏结界面的平均环向压应力为 6.76MPa。底面免拆模板外表面与衬砌混凝土黏结界面受到约为 6.40MPa 的平均环向压应力，内表面与微膨胀混凝土黏结界面受到约为 2.59MPa 的平均环向压应力，使得底面免拆模板有发生起拱的趋势。在底面模板黏结界面的两端靠近角部位置处，出现了较大的环向压应力，在锚具槽左下角部位的环向压应力为 5.97MPa，在右下角部位的环向压应力为 6.33MPa。侧面免拆模板外表面与衬砌混凝土黏结界面受到约为 7.16MPa 的平均环向压应力，内表面与微膨胀混凝土黏结界面受到约为 4.20MPa 的平均环向压应力。

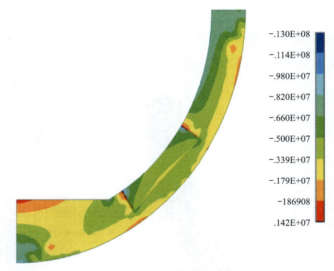

图 6.16　张拉完成等宽度免拆模板锚具槽区域环向应力云图

由图 6.17 可以看出，图中局部有较大的拉应力，出现在预应力钢绞线进入锚具槽的位置处，其原因是建立有限元模型时，采用节点耦合的方式，使得钢绞线节点拽动附近混凝土节点产生内力，从而使得衬砌混凝土产生预压应力的效果，而此处较大的拉应力是由于锚具槽内部无混凝土节点，使得该位置的钢绞线节点拽动锚具槽端模板中心点附近混凝土节点，造成拉应力集中现象，故需要排除掉该位置的拉应力。

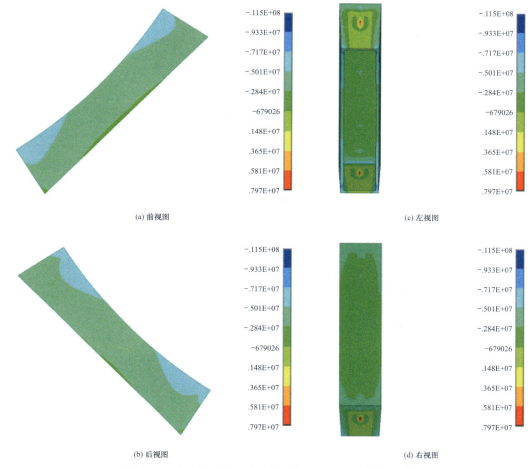

图 6.17　张拉完成等宽度免拆模板锚具槽环向应力云图

从上图可知，等宽度免拆模板锚具槽下端面上角部位受到较大的压应力，大小约为11.5MPa。除锚具槽两端面模板最大受到大约为 1.48MPa 的拉应力外，其余均受到压应力，对于超高韧性细石混凝土来说，经试验表明，其 28d 的抗拉强度为 4.71MPa，90d 的抗拉强度为 5.68MPa[4]。因此，超高韧性细石混凝土免拆模板不会开裂，等宽度免拆模板锚具槽处在安全状态。

预应力钢绞线张拉完成及微膨胀混凝土回填完毕后，衬砌混凝土锚具槽区域环向应力云图、以钢绞线所在面的等宽度免拆模板锚具槽区域环向应力云图、等宽度免拆模板锚具槽环向应力云图分别如图 6.18～图 6.20 所示，应力值符号规则同常规锚具槽一样。

由图 6.18 可以看出，预制装配式等宽度免拆模板锚具槽与预制装配式变截面免拆模板锚具槽的环向应力分布有着相同之处。在预制装配式变截面免拆模板锚具槽应力区域中，最大的环向压应力发生在免拆模板锚具槽的四角部位，大小为 13.6MPa。其中在衬砌混凝土结构中，最大环向压应力发生在圆弧段向底部过渡段区域，大小为 11.9MPa；在衬砌混凝土底部中心位置处，出现了大小为 0.45MPa 的环向拉应力。以免拆模板的内外表面为界限，分析预制装配式等宽度免拆模板锚具槽附近的应力变化。

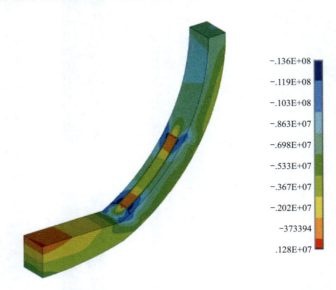

图 6.18　回填后衬砌混凝土锚具槽区域环向应力云图

　　由图 6.19 可知，预制装配式等宽度免拆模板锚具槽的下端面模板外表面以外的衬砌混凝土均处在受压状态，最大的压应力出现在衬砌混凝土与下端面免拆模板黏结界面的下角部位，其最大值压应力值为 9.11MPa。随着向底部平直段靠拢，其环向压应力逐渐增大，在圆弧段与底部平直段的拐角点处，环向压应力达到最大值。在预制装配式等宽度免拆模板锚具槽的上端面模板外表面以外的衬砌混凝土处在受压状态，其最小压应力出现在上端面免拆模板与衬砌混凝土黏结界面上角位置，其最小值为 1.05MPa，随着向衬砌腰部靠拢，其压应力逐渐增大。在预制装配式等宽度免拆模板锚具槽的底面免拆模板外表面以外的衬砌混凝土处在受压状态，其压应力随着衬砌厚度的变化，由内侧向外侧逐渐增大。预制装配式免拆模板下端面模板外表面与衬砌混凝土黏结界面的平均环向压应力约为 7.58MPa，内表面与微膨胀混凝土黏结界面的平均环向压应力约为 6.36MPa，上端面免拆模板外表面与衬砌混凝土黏结界面的平均环向压应力约为 7.42MPa，内表面与微膨胀混凝土黏结界面的平均环向压应力为 6.41MPa。底面免拆模板外表面与衬砌混凝土黏结界面受到约为 5.12MPa 的平均环向压应力，内表面与微膨胀混凝土黏结界面受到约为 2.73MPa 的平均环向压应力，使得底面免拆模板有发生起拱的趋势。在锚具槽左下角部位，其环向压应力为 9.06MPa，在右下角部位，其环向压应力为 9.71MPa。侧面免拆模板外表面与衬砌混凝土黏结界面受到约为

6.72MPa 的平均环向压应力，内表面与微膨胀混凝土黏结界面受到约为 4.71MPa 的平均环向压应力。

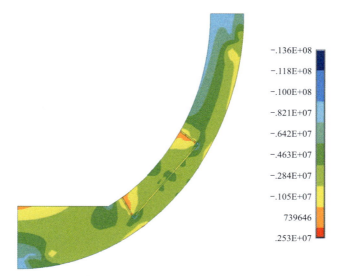

图 6.19　回填后等宽度免拆模板锚具槽区域环向应力云图

综上表明免拆模板可以抵抗部分微膨胀混凝土膨胀时产生的拉应力，从而提高锚具槽槽壁因拉应力集中现象而沿角部开裂的抵抗能力。

由图 6.20 可知，图中局部有较大的拉应力，出现在预应力钢绞线进入锚具槽的位置处，其原因是建立有限元模型时，采用节点耦合的方式，使得钢绞线节点拽动附近混凝土节点产生内力，从而使得衬砌混凝土产生预压应力的效果，而此处较大的拉应力是由于锚具槽内部无混凝土节点，使得该位置的钢绞线节点拽动锚具槽端模板中心点附近混凝土节点，造成拉应力集中现象，故需要排除掉该位置的拉应力。

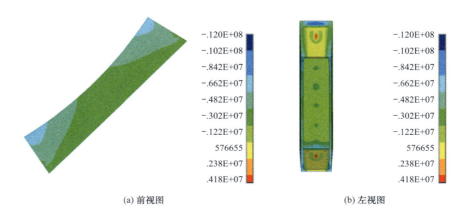

(a) 前视图　　　　　(b) 左视图

图 6.20　张拉完成等宽度免拆模板锚具槽环向应力云图（一）

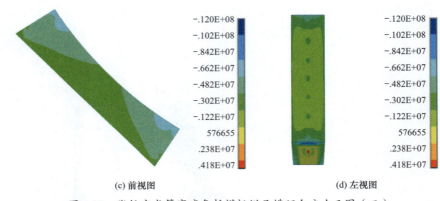

(c) 前视图　　　　　　　　　　　　　　　　(d) 左视图

图 6.20　张拉完成等宽度免拆模板锚具槽环向应力云图（二）

　　从上图可知，等宽度免拆模板锚具槽角部位受到较大的压应力，大小约为 12.8MPa。除锚具槽两端面模板最大受到大约为 1.48MPa 的拉应力外，其余均受到压应力，对于超高韧性细石混凝土来说，经试验表明，其 28d 的抗拉强度为 4.71MPa，90d 的抗拉强度为 5.68MPa[4]。因此，超高韧性细石混凝土免拆模板不会开裂，等宽度免拆模板锚具槽处在安全状态。

　　为探讨预制装配式等宽度免拆模板锚具槽的预应力衬砌混凝土结构在运营期间的应力状态，在原来的结构基础之上，对结构施加围岩压力 q、外水压力 H_W、内水压力 H_N，其中从安全角度考虑，按设计最大内水压力 1.3MPa 进行加载。

　　如图 6.21 所示，等宽度免拆模板锚具槽区域部位的环向应力呈现拉压状态，其中环向拉应力约为 0.82MPa，结构中最大的环向拉应力发生在等宽度免拆模板锚具槽端模板的中间部位，大小约为 2.81MPa，小于文献[4]中试验测试 28d 的抗拉强度，故可以看出，整个结构在运营期间处在安全状态。

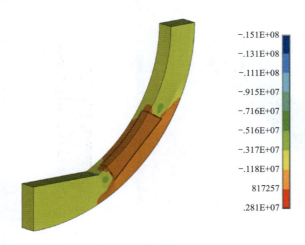

图 6.21　充水后衬砌混凝土锚具槽区域环向应力云图

6.4.2 整体预制式

1. 数值仿真模型

由于整体预制式免拆模板锚具槽是由预制装配式等宽度免拆模板锚具槽的角部行倒圆角而得到，故整体预制式免拆模板锚具槽角部部位用二维弧形有限元模型来代替三维弧形有限元模型，通过研究倒圆角的应力变化，来得出三维角部弧形有限元模型角部的应力变化，锚具槽其余部位应力均参考预制装配式等宽度免拆模板锚具槽的计算数据。

整体式免拆模板锚具槽有限元计算模型采用二维平面元 Plane42 模拟衬砌混凝土，杆单元 Link8 模拟预应力束，其余条件的均等同于三维有限元模型。整体式免拆模板锚具槽有限元单元剖分计算模型如图 6.22 所示。

图 6.22 整体式免拆模板锚具槽有限元单元剖分计算模型

2. 数值仿真结果分析

预应力钢绞线张拉完成及微膨胀混凝土回填完毕后，以钢绞线所在面的整体预制式免拆模板锚具槽区域环向应力云图如图 6.23 所示，应力值符号规则同常规锚具槽一样。

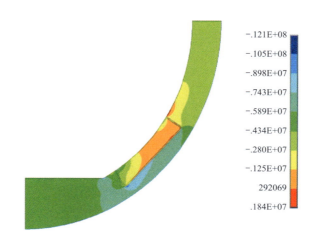

图 6.23 整体预制式免拆模板锚具槽区域环向应力云图

由图 6.23 可知，整体预制式免拆模板锚具槽应力区域中，衬砌混凝土结构最大环向压应力发生在圆弧段与底部平直段的过渡区域以及左下角倒圆角的部位，其大小为 12.1MPa；在整体预制式免拆模板锚具槽上端面模板外表面和衬砌混凝土黏结界面的上角位置，出现大小为 0.29MPa 的拉应力。以免拆模板的内外表面为界限，分析整体预制式免拆模板锚具槽附近的应力变化。整体预制式免拆模板锚具槽的下端面模板外表面以外的衬砌混凝土均处在受压状态，其最大值压应力值为 5.89MPa。随着向底部平直段靠拢，压应力逐渐增大。在整体预制式免拆模板锚具槽的上端面模板外表面以外的衬砌混凝土，除了锚具槽上端面模板外表面和衬砌混凝土黏结界面的上角临空位置受到最大为 1.84MPa 的拉应力之外，其余均处在受压状态，其最小压应力出现在上端面免拆模板与衬砌混凝土黏结界面上角位置，其最小值为 0.29MPa，随着向衬砌腰部靠拢，其压应力逐渐增大。整体预制式免拆模板锚具槽的底面免拆模板外表面以外的衬砌混凝土均处在受压状态。由于整体预制式免拆模板锚具槽是基于预制装配式等宽度免拆模板锚具槽建立的，所以对于整体预制式免拆模板的内外表面环向应力，均可参考预制装配式等宽度免拆模板锚具槽。

由图 6.23 所示，整体预制式免拆模板锚具槽角部由于是倒圆角形状，使得其上下端面的环向压应力比预制装配式等宽度免拆模板锚具槽均匀，但是角部应力变得较为复杂，均是由底部向端部逆时针旋转呈递减状态，在锚具槽左下角部位，其环向压应力约为 10.6MPa，在右下角部位，其环向压应力为 9.05MPa。

6.5 施工工艺经济对比

将预制装配式变截面免拆模板锚具槽和预制装配式等宽度免拆模板锚具槽归并为整体预制式免拆模板锚具槽。本节从模板材料类型、锚具槽施工工艺、混凝土施工工艺、有无废料产生四个方面，对常规锚具槽、预制装配式免拆模板锚具槽及整体预制式免拆模板锚具槽进行经济对比分析[5,6]，结果见表 6.1。

表 6.1 锚具槽施工工艺表

说明	常规锚具槽	预制装配式免拆模板锚具槽	整体预制式免拆模板锚具槽
模板材料类型	钢模板、木模板外包泡沫塑料板	超高韧性细石混凝土	超高韧性细石混凝土
锚具槽施工工艺	1. 定位托架； 2. 放入底模板； 3. 拼装锚具槽两端面板； 4. 安装两侧面钢模板； 5. 在锚具槽盒内设两道方木支撑； 6. 盖上顶部橡胶板； 7. 在模板外面绑扎一层 2cm 厚泡沫板，并用密封胶将泡沫板密封； 8. 绑扎一道铅丝	1. 定位托架； 2. 放入免拆模板底模板； 3. 拼装锚具槽两端面板； 4. 安装两侧面模板； 5. 盖上顶模板； 6. 绑扎一道铅丝	1. 定位托架； 2. 放入免拆锚具槽； 3. 盖上顶模板； 4. 绑扎一道铅丝

续表

施工难易程度	作业空间小，工序繁杂	作业空间小，工序较简单	作业空间小，工序简单
制作难易程度	—	制作条件要求低，安装条件较高	制作条件要求高，安装条件低
混凝土施工工艺（将锚具槽前后部分工序对比）	1. 绑扎外层钢筋； 2. 钢绞线定位安装； 3. 锚具槽模板定位安装； 4. 绑扎内层钢筋； 5. 钢模台车就位； 6. 浇筑衬砌混凝土； 7. 脱模板及喷洒养护剂； 8. 拆除锚具槽模板； 9. 锚具槽凿毛； 10. 预应力张拉及钢绞线防腐； 11. 锚具槽回填	1. 外层钢筋定位安装； 2. 钢绞线定位安装； 3. 免拆模板锚具槽定位拼装； 4. 内层钢筋定位安装； 5. 针梁模板台车就位； 6. 浇筑衬砌混凝土； 7. 脱模板及喷洒养护剂； 8. 预应力张拉及钢绞线防腐； 9. 锚具槽回填	1. 外层钢筋定位安装； 2. 钢绞线定位安装； 3. 免拆模板锚具槽定位拼装； 4. 内层钢筋定位安装； 5. 针梁模板台车就位； 6. 浇筑衬砌混凝土； 7. 脱模板及喷洒养护剂； 8. 预应力张拉及钢绞线防腐； 9. 锚具槽回填
施工难易	施工复杂	施工简单	施工简单
有无废料产生	有废料、扬尘产生	无任何废料产生	无任何废料产生

参考文献

［1］曹国鲁. 水工隧洞预应力混凝土衬砌锚具槽优化设计研究［D］. 郑州：华北水利水电大学，2022.

［2］Li C. Y., Shang P. R., Li F. L., et al. Shrinkage and mechanical properties of self-compacting SFRC with calcium-sulfoaluminate expansive agent［J］. Materials, 2020, 13(3): 588.

［3］Li C. Y., Yang Y. B., Su J. Z., et al. Experimental research on interfacial bonding strength between vertical cast-in-situ joint and precast concrete walls［J］. Crystals, 2021, 11(5): 494.

［4］徐世烺，蔡向荣. 超高韧性纤维增强水泥基复合材料基本力学性能［J］. 水利学报，2009, 40(9): 1055−1063.

［5］李晓克，严振瑞，黄建添，等. 浅埋式预应力混凝土压力管道结构设计与技术经济比较［J］. 水利水电技术，2002 (6): 20−25+72.

［6］李晓克，赵顺波，江瑞俊. 高效预应力混凝土压力管道试验与技术经济比较［J］. 水力发电学报，2001 (4): 34−43.